妙语连珠

陈泳岑◎编著

解读智慧

上

中国出版集团

现代出版社

图书在版编目（CIP）数据

妙语连珠解读智慧（上）／陈泳岑编著. —北京：现代
出版社，2014.1

ISBN 978-7-5143-2128-9

Ⅰ．①妙…　Ⅱ．①陈…　Ⅲ．①成功心理－青年读物
②成功心理－少年读物　Ⅳ．①B848.4－49

中国版本图书馆 CIP 数据核字（2014）第 008536 号

作　　者	陈泳岑
责任编辑	王敬一
出版发行	现代出版社
通讯地址	北京市安定门外安华里 504 号
邮政编码	100011
电　　话	010－64267325 64245264（传真）
网　　址	www.1980xd.com
电子邮箱	xiandai@cnpitc.com.cn
印　　刷	唐山富达印务有限公司
开　　本	710mm×1000mm　1/16
印　　张	16
版　　次	2014 年 1 月第 1 版　2023 年 5 月第 3 次印刷
书　　号	ISBN 978-7-5143-2128-9
定　　价	76.00 元（上下册）

目 录

第一章 认识你自己

第二章　正确对他人

第三章　成功的法则（上）

第一章　认识你自己

一、信心是命运的主宰

【妙语】信心是命运的主宰。

——海伦·凯勒

【故事】不相信自己的意志，永远也做不成将军。

春秋战国时期，一位父亲和他的儿子出征打仗。父亲已做了将军，儿子还只是马前卒。

又一阵号角吹响，战鼓雷鸣了，父亲庄严地托起一个箭囊，其中插着一支箭。父亲郑重对儿子说："这是家袭宝箭，配带身边，力量无穷，但千万不可抽出来。"那是一个极其精美的箭囊，厚牛皮打制，镶着幽幽泛光的铜边儿。再看露出的箭尾，一眼便能认定用上等的孔雀羽毛制作。儿子喜上眉梢，贪婪地推想箭杆、箭头的模样，耳旁仿佛嗖嗖地箭声掠过，敌方的主帅应声折马而毙。果然，配带宝箭的儿子英勇非凡，所向披靡。当鸣金收兵的号角吹响时，儿子再也禁不住得胜的豪气，完全背弃了父亲的叮嘱，强烈的欲望驱赶着他呼的一声就拔出宝箭，试图看个究竟。骤然间他惊呆了：一支断箭，箭囊里装着一支折断的箭。我一直挎着支断箭打仗呢！儿子吓出了一身冷汗，仿佛顷刻间失去支柱的房子，意志轰然坍塌了。结果不言自明，儿子惨死于乱军之中。拂开蒙蒙的硝烟，父亲拣起那柄断箭，沉重地啐一口道："不相信自己的意志，永远也做不成将军。"

【智慧】把胜败寄托在一支箭上，多么愚蠢，而当一个人把生命的核心与把柄交给别人，又多么危险！比如把希望寄托在儿女身上；把幸福寄托在丈夫身上；把生活保障寄托在单位身上……

在人生的长河中，有顺境；也有逆境；有成功的喜悦，也有失败的苦涩。通向成功的道路，是曲折、崎岖、荆棘丛生的，甚至，出现悬崖峭壁。如果你没有坚定的自信心，成功就会与你失之交臂。我们自己才是一支箭，若要它坚韧，若要它锋利，若要它百步穿杨，百发百中，磨砺它，拯救它的都只能是自己。

二、不要失去信心

【妙语】不要失去信心，只要坚持不懈，就终会有成果的。

——钱学森

伟大的作品不是靠力量，而是靠坚持来完成的。

——约翰逊

【故事】古苏格兰国王罗伯特·布鲁斯，六次被入侵之敌打败，失去了信心。在一个雨天，他躺在茅屋里，看见一只蜘蛛在织网。蜘蛛想把一根丝缠到对面墙上去，六次都没有成功，但经过第七次努力，终于达到目的。罗伯特兴奋地跳了起来，叫道："我也要来第七次！"他组织部队，反击入侵者，终于把敌人赶出了苏格兰。

有个年轻人去微软公司应聘，而该公司并没有刊登过招聘广告。见总经理疑惑不解，年轻人用不太娴熟的英语解释说自己是碰巧路过这里，就贸然进来了。总经理感觉很新鲜，破例让他一试。面试的结果出人意料，年轻人表现糟糕。他对总经理的解释是事先没有准备，总经理以为他不过是找个托词找台阶下，就随口应道："等你准备好了再来试吧。"

一周后，年轻人再次走进微软公司的大门，这次他依然没有成功。但比起第一次，他的表现要好得多。而总经理给他的回答仍然同上次一样："等你准备好了再来试。"就这样，这个青年先后5次踏进微软公司的大门，最终被公司录用，成为公司的重点培养对象。

【智慧】什么东西比石头还硬，或比水还软？然而软水却穿透了硬石，坚持不懈而已。也许，我们的人生旅途上沼泽遍布，荆棘丛生；也许我们追求的风景总是山重水复，不见柳暗花明；也许，我们前行的步履总是沉重、蹒跚；也许，我们需要在黑暗中摸索很长时间，才能找寻到光亮；也许，我们虔诚的信念会被世俗的尘雾缠绕，而不能自由翱翔；也许，我们高贵的灵魂暂时在现实中找不到寄放的净土……可是，永远要以勇敢者的气魄，坚定而自信地对自己说一声"再试一次！"

再试一次，你就有可能达到成功的彼岸！

三、具体问题具体分析

【妙语】鱼处水而生，人处水而死。彼必相与异，其好恶故异也。故先圣不一其能，不同其事，名止于实，义设于适，是之谓条达而福持。

——庄子

【故事】颜回要到齐国去，孔子有愁容，子贡问什么原因，孔子便说出一通道理来。他说："命有所成而形有所适也，夫不可损益。吾恐回与齐侯言尧舜黄帝之道，而重以燧人神农之言。彼将内求于己而不得，不得则惑，人惑则死。"性命有所形成的原因、质料，而形体各有其适宜居住的地方，这是不能改变的。我担心颜回向齐侯谈论尧舜黄帝治国之道，再讲燧人氏神农氏的理论。齐侯听后扪心自问而不理解，最终要困惑而死。接着孔子又说道："且女独不闻邪？昔者海鸟止于鲁郊，鲁侯御而觞之于庙，奏《九韶》以为乐，具太牢以为膳。鸟乃眩视忧悲，不敢食一脔，不敢饮一杯，三日而死。此以己养养鸟也，非以鸟养养鸟也。夫以鸟养养鸟者，宜栖之深林，游之坛陆，浮之江湖，食之鳅鲦，随行列而止，委蛇而处，彼唯人言之恶闻，奚以夫啘啘为乎！《咸池》《九韶》之乐，张之洞庭之野，鸟闻之而飞，兽闻之而走，鱼闻之而下入，人卒闻之，相与还而观之。"你难道没听说吗？从前有只海鸟落在鲁国都城的郊外，鲁侯把它迎进太庙，献于酒，奏《九韶》以为迎宾曲，宰牛羊喂它，这只鸟头晕目眩而忧愁悲伤，不敢吃一块肉，不敢喝一杯酒，三天就死了。这是用养人的方法来养鸟，不是用养鸟的方法来养鸟。若用养鸟的方法来养鸟，就该让它住在森林里，遨游于湖中岛上，漂浮在江湖，吃泥鳅、鱿鱼，随鸟群的行列，自由自在地生活。鸟唯恐听到人声，为什么把它放到喧嚣嘈杂的地方？《咸池》、《九韶》的乐曲，如果在洞庭旷野里演奏，鸟儿听了要高飞，野兽听了要跑掉，鱼儿听了要潜水，而人们突然听到了都围上来欣赏。

【智慧】庄子的话是说，鱼在水里才生存，人在水里就要死掉。鱼和人禀性是不同的，因而爱憎也不一样。所以先圣不强求人们的才能都一样，不强求他们的工作都相同。这个道理那到生活中也是一样的。我们生在一个多姿多彩的世界里，时时刻刻都面临着多种选择。面对这些选择，我们要选名义符合实际，理论适合实情的。而这种选择方式，这就叫条理通达而获得幸福。最好的并不一定是最适合自己的，人们要不同情况不同对待，具体问题具体分析，这样，才能活得顺心，活得有声有色。

四、不如自强

【妙语】苦和甜来自外界，坚强则来自内心，来自一个人的自我努力。

——爱因斯坦

【故事】小蜗牛问妈妈："为什么我们从生下来，就要背负这个又硬又重的壳呢？"

妈妈回答道："因为我们的身体没有骨骼的支撑，只能爬，又爬不快。所以要这个壳的保护！"

小蜗牛："毛虫姊姊没有骨头，也爬不快，为什么她却不用背这个又硬又重的壳呢？"

妈妈："因为毛虫姊姊能变成蝴蝶，天空会保护她啊。"

小蜗牛：可是蚯蚓弟弟也没骨头爬不快，也不会变成蝴蝶，他什么不背这个又硬又重的壳呢？

妈妈："因为蚯蚓弟弟会钻土，大地会保护他啊。"

小蜗牛哭了起来："我们好可怜，天空不保护，大地也不保护。"

蜗牛妈妈安慰他："所以我们有壳啊！我们不靠天，也不靠地，我们靠自己。"

【智慧】生活在这世界上的我们都是独立的个体，只有当互利时才会出现庇护的交集，而这种保护往往是短暂的。所以，比起坐等被保护，还不如自强起来，保护自己。这样不是更加安全吗？

五、知者不言，言者不知

【妙语】知者不言，言者不知，塞其兑，闭其门，挫其锐，解其纷，和其光，同其尘，是谓玄同。

——老子

【故事】世界著名物理学家、获诺贝尔物理学奖的美籍华人丁肇中在接受中央电视台《东方之子》采访时，曾对很多问题都表示"不知道"。前一阶段又听说他在为南航师生作学术报告时，面对同学提问又是"三问三不知"："您觉得人类在太空能找到暗物质和反物质吗?""不知道。""您觉得您从事的科学实验有什么经济价值吗?""不知道。""您能不能谈谈物理学未20年的发展方向""不知道。"三问三不知! 这让在场的所有同学意外，但不久就赢得全场热烈的掌声。也许，一些人在说"不知道"时往往被看作是孤陋寡闻和无知的表现，但丁先生的"不知道"却体现着一种做人的谦逊和科学家治学的严谨态度，不禁令人肃然起敬。

【智慧】知道的不说，说的不知道。堵住嘴巴，闭上耳目，磨损锋芒，消解纠纷，收敛光辉，混同尘垢，便进入玄妙齐同的境界。老子在这里主要是说，永恒、无限、绝对的本体之"道"，是不能通过形而下的经验界的感性认识方法去把握和表述的，因为感觉、语言都是暂时的有限的相对的东西，能言说的能感觉的是实证科学的事情，不足以把握和表述"道"。"道"是形而上的超验的，本体只可意会，不可言说，只能用悟性来体悟，用直觉来冥通。所以知"道"的人不说，他也说不出来；说的人不知"道"，他还没进入"道"境。老子说杜断各种感觉通道，然后挫锐解纷，和光同尘，便能进入玄妙齐同的道境，不说、不看、不听、不嗅、不触，神不外作而内敛，混同一切差别，万物统一于自然之道，便悟道了。

六、超越自己

【妙语】任何一个志在有成就的人都必须能够超越自己。一个人追求的目标越高，他的才能发展得越快。

——马歇尔

【故事】有人曾经做过这样一个实验：他往一个玻璃杯里放进一只跳蚤，发现跳蚤立即轻易地跳了出来。再重复几遍，结果还是一样。根据测试，跳蚤跳的高度一般可达它身体的 400 倍左右。

接下来实验者再次把这只跳蚤放进杯子里。不过这次是立即同时在杯上加一个玻璃盖，"嘣"的一下，跳蚤重重地撞在玻璃盖上。跳蚤也许会困惑，但是它不会停下来，因为跳蚤的生活方式就是"跳"。一次次被撞，跳蚤开始变得聪明起来了，它开始根据盖子的高度来调整自己跳的高度。再一阵子以后呢，发现这只跳蚤再也没有撞击到这个盖子，而是在盖子下面自由地跳动。

一天后，实验者开始把这个盖子轻轻拿掉了，但它还是在原来的这个高度继续地跳。三天以后，他发现这只跳蚤依然在那里跳。

一周以后发现，这只可怜的跳蚤还在这个玻璃杯里不停地跳着。其实，它已经无法跳出这个玻璃杯了。

【智慧】生活中，是否有许多人也在过着这样的"跳蚤生活"？年轻时意气风发，屡屡尝试，希望成功，但是往往事与愿违。几次以后，他们便开始不是抱怨这个世界的不公平，就是怀疑自己的能力。他们不再是千方百计去追求成功，而是一再地降低成功的标准，即使原有的一切限制已取消。就像刚才的"玻璃盖"虽然被取掉，但他们早已经被撞怕了，或者已习惯了，不再跳上新的高度了。人们往往因为害怕去追求成功，而甘愿忍受者的生活。

难道跳蚤真的不能跳出这个杯子吗？绝对不是。只是它的心里面已经默认了这个杯子的高度是自己无法逾越的。

其实，让这只跳蚤再次跳出这个玻璃杯的方法十分简单，只需拿一根小棒子突然重重地敲一下杯子；或者拿一盏酒精灯在杯底加热，当跳蚤热得受不了的时候，它就会"嘣"的一下，跳出来。

人有些时候也是这样。很多人不敢去追求成功，不是追求不到成功，而是因为他们的心里面也默认了一个"高度"。这个高度常常暗示自己的潜意识：成功是不可能的，这是没有办法做到的。

这个"高度"，就是人无法取得成就的根本原因之一。

要不要跳？能不能跳过这个高度？能有多大的成功？这一切问题的答案，并不需要等事实结果的出现，而只要看看一开始每个人对这些问题是如何思考的，就已经知道答案了。

所以我们要经常对自己说：不要自我设限！每天都大声地告诉自己：我是最棒的，我一定会成功！那么，你就一定会成功。

七、不让缺点成为障碍

【妙语】人最可贵的不是发现自己的优点，而是能够精确地发现自己的缺点并使之消弭于无，不让它成为人生的障碍。

——爱默生

【故事】她在音乐方面独具的天赋和他人难以企及的学识，似乎没有人能够轻易地否认。

小时候素有"神童"之誉的她，从小就跟着当小学音乐教师的母亲弹钢琴，4 岁时就开了第一个独奏音乐会。不但学习成绩极其出色，跳了两次级，而且还把网球和花样滑冰玩得特别出色。16 岁时，进入丹佛大学音乐学院学习钢琴，她梦想成为职业钢琴家。

这些成功让大家相信，过不了几年，她就会成为乐坛翘楚。

可是，出人意料地是她打起了"退堂鼓"，开始了崭新梦想的破冰之旅。原来在著名的阿斯本音乐节上，她受到了打击。"我碰到了一些 11 岁的孩子们，他们只看一眼就能演奏那些我要练一年才能弹好的曲子，"她说，"我想我不可能有在卡内基大厅演奏的那一天了。"于是，她开始重新设计自己的未来并发现了新的目标——国际政治。"这一课程拨动了我的心弦，"她说，"这就像恋爱一样……我无法解释，但它的确吸引着我。"她从此转而学习政治学和俄语，并找到了她一生追求的事业。

这个美国女孩名叫康多莉扎·赖斯，出生于 1954 年 11 月 14

日。2004 年，美国《福布斯》杂志评出世界 100 位最具影响力的女性，赖斯名列榜首。2005 年 2 月，她被提名接替辞职的国务卿鲍威尔，她被媒体称为华盛顿"最有权力的女人"。

【智慧】梦想是人生的羽翼，梦想是成功的酵母，人生因梦想而绚丽多姿。在梦想之灯的温暖吸引下，人们可以获得巨大的成功。对于曾经的赖斯来说，在优越天赋的滋养下，梦想之神在自己的心头伫立了十余年，虔诚地守望了十余年，可突然一天只因为一群孩子的出色表现而訇然倒塌。还有比亲手埋葬自己的梦想更让人痛彻心腑的吗？别人愈觉得不可思议，也愈发沉淀出赖斯难得的清醒和独立的判断：人最可贵的不是发现自己的优点，而是能够精确地发现自己的缺点并使之消弭于无，不让它成为人生的障碍。如果赖斯执着于职业钢琴家的梦想，也许最后只能成长为一位庸凡的钢琴匠而不是钢琴家。正是可贵的"退堂鼓"，让她寻到了人生的支点，痛苦的化蛹为蝶的人生历程，如凤凰浴火般获得了美丽的新生。

执着于人生的梦想，是一种勇气、智慧和积极。但埋葬旧的梦想，告别旧的自我，孕育新的梦想，追逐新的自我，彻底地否定自我，这需要更大的勇气和智慧，甚至需要壮士断腕般的激烈。人生可贵"退堂鼓"，不是消极的退缩、坐标的摇摆，而是积极的突围。有时不敢轻言"退堂"，只是因为对自己的优点和缺点甚至人生的坐标茫然无知，只得无助地固守罢了。

八、一切都在我们自己

【妙语】 我们的身心就是一个园圃，而我们的主观意志就是园圃的园丁。不论我们是种植奇花异草或单独培植一种树木，还是任其荒芜，那权力都在我们自己。

——莎士比亚

【故事】 20 世纪最具影响力的英国思想家罗素，在 1924 年来到中国的四川。那个时候的中国，正逢军阀割据的时代，战乱频频，山河破碎，民不聊生。罗素刚写完他的巨著《幸福论》，他希望以自己的思想教化引导中国人摆脱苦难。当时正值夏天，四川的天气非常闷热。罗素和陪同他的几个人坐着那种两人抬的竹轿上峨眉山。山路非常陡峭险峻，几位轿夫累得大汗淋漓。作为一个思想家和文学家的罗素，见此情此景，没有了心情观赏峨眉山的景观，而是思考起几位轿夫的心情来。他想，轿夫们一定痛恨他们几位坐轿的人，这样热的天气，还要他们抬着上山。甚至他们或许正在思考，为什么自己是抬轿的人而不是坐轿的人？

罗素思考着的时候，到了山腰的一个小平台，陪同的人让轿夫停下来休息。罗素下了竹轿，认真地观察轿夫的表情。他看到轿夫们坐成行，拿出烟斗，又说又笑，讲着很开心的事情，丝毫没有怪怨天气和坐轿人的意思，也丝毫没有对自己的命运感到悲苦的意思。他们还饶有趣味地给罗素讲自己家乡的笑话，很好奇地问罗素一些外国的事情。他们在交谈中不时发出高兴的笑声。

这个经历给了罗素很大的启示，他在著作《中国人的性格》一文中讲到了这个著名的人生观点：用自以为是的眼光看待别人的幸福是错误的。

【智慧】莎士比亚在谈到人生的处境时曾经有过一个很经典的比喻，他说："我们的身心就是一个园圃，而我们的主观意志就是园圃的园丁。不论我们是种植奇花异草或单独培植一种树木，还是任其荒芜，那权力都在我们自己。"也就是说，你假如愿意自己是快乐幸福的，你自己就可以做到，权力都在你自己的手里。一切都在我们个人的主观意志之中。我们可以让自己的生活充满喜悦，我们也可以让自己的生活丰富多彩。境由心造，不论我们处于什么境地，我们都可以把它当作自己的福地。成功的时候，尽情地享受成功；逆境的时候，为未来的希望快乐。这就像是说，坐轿子的人未必是幸福的，而抬轿子的人也未必不是幸福的。

九、对待处境的态度

【妙语】差不多任何一种处境都受到我们对待处境的态度的影响。

——西尼加

【故事】从前有一户人家的菜园摆着一块大石头，宽度大约有四十公分，高度有十公分。到菜园的人，不小心就会踢到那一颗大石头，不是跌倒就是擦伤。

有一天儿子问："爸爸，那颗讨厌的石头，为什么不把它挖走？"

爸爸回答道："你说那颗石头喔？从你爷爷时代，就一直放到在那了，它的体积那么大，不知道要挖到到什么时候。没事无聊挖石头，不如走路小心一点，还可以训练你的反应能力。"

几年过去了，这块大石头留到下一代，当时的儿子娶了媳妇，当了爸爸。

有一天媳妇气愤地说："菜园那块大石头，我越看越不顺眼，改天请人搬走好了。"已经成为爸爸的他回答说："算了吧！那颗大石头很重的，可以搬走的话在我小时候就搬走了，哪会让它留到现在啊？"

媳妇心底非常不是滋味，那颗大石头不知道让她跌倒多少次了。十几分钟以后，媳妇用锄头把大石头四周的泥土搅松。媳妇早有心理准备，可能要挖一天吧，谁都没想到几分钟就把石头挖起来，看看大小，这颗石头没有想像的那么大，轻易就可以搬走。这么多年来，祖辈几代人都是被那个巨大的外表蒙骗了。

【智慧】阻碍我们去发现、去创造的，仅仅是我们心理上的障碍和思想中的顽石。你抱着下坡的想法爬山，便无从爬上山去。如果你的世界沉闷而无望，那是因为你自己沉闷无望。改变你的世界，必先改变你自己的心态。

十、不要以为自己是世界的中心

【妙语】不要把自己看得太重要，没有你，事情一样可以做得好。

——迈兹纳

【故事】约翰留胡子已有多年，忽然有一天他准备把胡子剃掉，可是又有点犹豫：朋友、同事会怎么想，他们会不会取笑？经过数天的深思熟虑，他终于下决心，只留下了小胡子。第二天上班时，他已有足够的的心理准备来应付最糟的状况。结果出乎意料，没有人对他的改变有任何评价。大家匆匆忙忙来到办公室，紧紧张张地做着各自的事情。事实上，一直到中午休息时没有一个人说过一个字。最后他忍不住先问别人："你觉的我这样子如何？"

对方一楞："什么样子？"

"你没注意到我今天有点不一样吗？"

同事这才开始从头到脚打量他，最后终于有人嚷出："噢！你留了八字胡。"

著名表演艺术家英若诚也讲过一个类似的故事。他出生成长在一个大家庭中，每次吃饭都是几十口人坐在大餐厅中。有一次他突发奇想，决定跟大家开个玩笑。吃饭前，他把自己藏在饭厅的一个不被人注意的柜子中，想等大家遍寻不到他的时候再跳出来。

令英若诚尴尬的是，大家丝毫没有注意到他的缺席。酒足饭饱，大家离去，他这才焉焉地走出来吃残羹剩菜。

自那以后，他就告戒自己：永远不要把自己看得太重要，否则会大失所望。

【智慧】不要以为自己是世界的中心，每天对着镜子琢磨半小时决定用哪种口红，哪条领带，你的苦心也许根本没有人注意。大家都在做自己的事情，你也把注意力放在事上吧，不要总惦记着别人怎么评价你，有时间还是多做一些该做的事吧。

十一、懂得从生活经验中找到人生乐趣

【妙语】 生活在世界上，就有使它更美好的义务。

——何塞·马蒂

【故事】 从前，山中有座庙，庙里没有石磨，因此，庙里每天都要派和尚挑豆子到山下农庄去磨。

一天，有个小和尚被派去磨豆子。在离开前，厨房的大和尚交给他满满的一担豆子，并严厉警告："你千万要小心，庙里最近收入很不理想，回来的路上绝对不可以把豆浆洒出来。"

小和尚答应后就下山去磨豆子。在回庙的山路上，他一想到大和尚凶恶的表情及严厉的告诫，愈想愈觉得紧张。小和尚小心翼翼地挑着装满豆浆的大桶，一步一步地走在山路上，生怕有什么闪失。

不幸的是，就在快到厨房的转弯处时，前面走来一位冒冒失失的施主，撞得前面那只桶的豆浆洒掉了一大半。小和尚非常害怕，紧张得直冒冷汗。

大和尚看到小和尚挑回的豆浆时，当然非常生气，指着小和尚大骂："你这个笨蛋！我不是说要小心吗！浪费了这么多豆浆，去喝西北风啊！"

一位老和尚听闻，安抚好大和尚的情绪，并私下对小和尚说："明天你再下山去，观察一下沿途的人和事，回来给我写个报告，顺便挑担豆子下去磨吧。"

小和尚推卸说，自己只是磨豆子都做不成，哪可能既要担豆浆，又要看风景，回来后还要作报告。

在老和尚的一再坚持下，第二天，他只好勉强上路了。在回来的路上，小和尚发现其实山路旁的风景真的很美，远方看得到雄伟的山峰，又有农夫在梯田上耕种。走不久，又看到一群小孩子在路边的空地上玩得很开心，而且还有两位老先生在下棋。这样一边走一边看风景，不知不觉就回到庙里了。当小和尚把豆浆交给大和尚时，发现两只桶都装得满满的，一点都没有溢出。

【智慧】其实，与其天天在乎自己的功名和利益，不如每天在上学、工作或生活的努力中，享受每一个过程的快乐，并从中学习成长。一位真正懂得从生活经验中找到人生乐趣的人，才不会觉得自己的日子充满压力及忧虑。

一块石头，把它放在背上就是一种负担，它会压得人喘不过气，但若把它踩在脚下，那便是成功的基石。而心理障碍就是我们每个人心中的那一块石头，压抑在心里，它就会成为你人生路上的绊脚石，放下了，你便会倍感轻松，或许就此为你打开了一扇通向成功的门。

十二、确立信念

【妙语】由信念所支持的人的意志，比那些似乎是无敌的物质力量具有更大的威力。

——爱因斯坦

【故事】欧·亨利在他的小说《最后一片树叶》里讲了一个故事：有个病人躺在病床上，绝望地，看着窗外一棵被秋风扫过的萧瑟的树。他突然发现，在那树上，居然还有一片葱绿的树叶没有落。病人想，等这片树叶落了，我的生命也就结束了。于是，他终日望着那片树叶，等待它掉落，也悄然地等待自己生命的终结。但是，那树叶竟然一直未落，直到病人身体完全恢复了健康，那树叶依然碧如翡翠。

其实，那树上并没有树叶，树叶是一位画家画上去的。它不是真树叶，但它达到了真树叶生动真实的效果，给了那位病人一个坚定的信念：活着，只要那片树叶不落，我的生命就不会死。结果，他真的康复了，走出病房去那棵树下看个究竟。

他站在树下，被画家的用心感动了。画家是惟一了解他内心秘密的人，画家知道他在等待树叶全部掉落之后，再悄然地终结自己的生命。于是，画家顺着病人的心思设计了这么一片假树叶。就是这片假树叶，给他不断地注入活下去的勇气。

真正有生命力的不是那片树叶，而是人的信念。

【智慧】信念一旦确立以后，就会给主体的心理活动以深远的影响，它决定着一个人的行动和原则性、坚韧性。因此，具有坚定信念的人，能够为捍卫自己的观点和自己的事业，不惜牺牲一切。当代的张海迪正是由于确立了"能使大多数人幸福的人，她自己本身也是幸福"的信念，才坚持着在2/3的肢体失去知觉的情况下继续刻苦攻读。而张海迪为人民做出的最大贡献，就是

为我们树立了一个坚强的榜样，让我们明白了生命的价值与
美丽。

十三、安不忘危

【妙语】安而不忘危，存而不忘亡，治而不忘乱

——《易经》

忧劳可以兴国，逸豫可以亡身

——欧阳修

【故事】美国著名指挥家沃尔特·达姆罗施20多岁就当上了
乐队指挥，但他仍保持着谦和、勤勉的作风，没有忘乎所以。面
对大家的夸奖，他自己透露了自己成功的谜底——"刚当上指挥
的时候，我也有些飘飘然，以为自己才华举世无双，地位无人可
撼。一天排练，我忘了带指挥棒，正要派人回家去取，秘书说：
不必了吧，向乐队其他人借一根不就行了？我想：秘书真是糊
涂，除了我，别人带指挥棒干吗？但我还是随便问了一声：'谁
有指挥棒？'话音还没落，大提琴手、小提琴手和钢琴手，各掏
出了一根指挥棒。我心中一惊，突然醒悟：原来自己并不是什么
不可或缺的人物，很多人一直在暗中努力，随时要取代我。以
后，每当我偷懒或膨胀的时候，那3根指挥棒就会在面前晃
动。"

亿万年前，在一个原始森林里，有一种强悍的熊，以其他动
物为食。后来，雷电引发的大火把这片森林烧为灰烬，各种动物

四散奔逃。为了生存，熊不停地迁徙、跋涉，终于找到了一个温暖、草木繁茂、食物充足的盆地，便定居下来。

可熊很快发现，这里的肉食动物太多太厉害了，自己根本无力跟它们竞争。于是，熊决定不吃肉了，改为吃草。可这里的食草动物更多，竞争更激烈，填不饱肚子。没办法，它们只好改吃别的动物都不吃的东西——竹子，这才得以生存下来。渐渐地，竹子成了它们唯一的食物来源。由于没有其他动物与之争食，它们变得好吃懒动，体态臃肿，慢慢地演化为我们现在看到的大熊猫。后来随着竹林的减少，大熊猫也越来越少，濒临灭绝，只是在人类的帮助下才免遭灭亡的命运。

【智慧】竞争，是件令人厌恶的事，可它时时刻刻都在发生，停滞、逃避就意味着被淘汰出局。我们如果被淘汰，或许也能得到同类的怜悯和施舍，但却会失去做人的尊严。只有"每天淘汰你自己"，才能不被淘汰。反之，你不淘汰自己，就会被别人淘汰。

十四、用梦想追逐梦想

【妙语】信仰是辉煌的光，照遍周围也引导着人自身。

——帕斯卡

【故事】在弘益大学附近有一家名叫"天边"的居酒屋（日式餐厅）。

到了那里，你就会发现，它的确与众不同。在打开餐厅门的瞬间，便听到六七名迎宾职员的齐声招呼"欢迎光临!"就连厨房的师傅们也热情加入了饭厅服务员的行列，一齐问候顾客。如果留心，你会发现他们对每一位出入的顾客都是如此。当饭桌前的顾客称赞师傅的厨艺时，所有职员整齐如一地向着那位发出称赞的顾客送上90度的躬身行礼。服务生看到顾客一行人准备碰杯，便会走过去询问准备用什么祝酒词，且在将内容记下后走开了。随后，又到同一伙碰杯时，所有职员一齐呐喊方才记下的祝酒词。如果你询问，就会得到回答："这就是我们店里的风格。"

而最让人惊讶的是，所有员工都是从早到晚拼命地干活，并且还能做到始终对客人保持微笑。有客人出于好奇询问其中一名职员："看你们工作得这么拼命，这里的薪水一定比别的地方高吧?"他回答："薪水虽然高不到哪里去，但我们努力工作是因为我们有梦想。"

接着，他指向餐厅的墙面。典雅的墙上贴着很多精致的卡片，他说每张卡片上都记载着一位职员的梦想。他自己的梦想就是成为一名优秀的厨师，将来开一家自己的餐厅。

其实，这家居酒屋的创始人叫大嶋启介，是一位35岁的年轻人。这家餐厅在日本已经很有名气了。在日本的自由之丘和涩谷等地方开有五家店面。弘大附近这家是海外的一号店。大嶋启介在著作《天边的朝礼》中写道："成为天边职员的唯一条件就是，一定要有成为企业家的目标。"在成为天边的职员后，必须将自己的梦想贴在墙上，并且一定要写上实现这个目标的截止日期。

【智慧】有梦想就要勇敢的去追，只有这时梦想才是人前进的动力，否则空有梦想却不行动，就永远只能是梦了。梦想之所以能成为人前进的动力，关键在于人本身就应该是一个积极进取的人。梦想可以作为一盏灯，照耀我们前进的道路，使人不再恐惧和迷茫。这时的梦想才能成为一种力量，使人不到最后决不认输。

十五、改变心态

【妙语】 心态若改变，态度跟着改变；态度改变，习惯跟着改变；习惯改变，性格跟着改变；性格改变，人生就跟着改变。

——马斯洛

【故事】 这是一个圣诞夜发生的一个故事。

华丽的灯光将整个小镇照着通明，人们掩饰不住内心的愉悦，全心投入那一年一度的圣诞 Party 中来，往日平静的小镇瞬时也疯狂起来！

但谁又能想到，就在开派对对面的是一间破旧的茅屋，里面一个小女孩用颇为羡慕的眼光呆呆地望着那与她隔绝的圣诞舞会！她是这小镇上最为贫苦的人，小时候便丧失了父亲，与身患疾病的母亲相依为命。正因如此，小女孩心中那种自卑感油然而生。难以想象这 18 年以来，小女孩是如何度过着。望着对面屋子里传来的欢笑声，她只能默默长叹。

卧病在床在母亲仿佛知道女儿内心的夙愿，把他叫了过来"女儿呀，这些年里可苦了你了。"说着，从口袋中摸出那张已被拧着邹巴巴的 20 美元递给他，"每次圣诞节的时候我都没任何礼物给你，这些钱就当我这些年来对你的弥补，拿去买些自己想用的东西去吧。"女孩接过钱，眼含泪水转身走了出去。

在路上，女孩因自卑而不敢抬头看任何人，低着头，默默的从人群中走过。当她走到圣诞舞会里时，看见了一位令她心仪的男生。她心想，今夜谁将有幸成为他的舞伴呢？她的目光不由的在那个男孩身上逗留了一秒，仅短短的一秒钟时间，她又低下头来，默默地离开人群之中。

到了商店里，她看见了一顶颇为艳丽的发夹，她为之所心动。但发夹上标着的 16 美元又令她那颗心动之心颇有犹豫之感。在买与不买中举棋不定。此时店老板走了过来，仿佛看穿小女孩的心思，不经意间将拿顶发夹戴在她头上。镜子里出现一个美丽庄雅的形象，与原先的自己派若两人。仿佛就在那一瞬间丑小鸭竟变成美丽的天鹅！她决定买下这顶发夹，将钱交给了店老板，飘飘然向外面冲去。正好撞到一位老绅士，小女孩连忙道歉，便又飘飘然的冲了出去！朦胧间，她仿佛隐隐约约听那老绅士在叫自己。

一路上，她的秀发随风飘动，越加楚楚动人！旁边的路人都在互相议论着，这是谁家的孩子呀，长得可真漂亮！怎么以前就没见过她呢。就当她走到开圣诞晚会的那间屋子里时，所有的人都望向美丽的她。当人们的焦点都聚集在她那时，那位令她心仪的男生此刻已走到她面前，问自己是否有幸能邀请她成为自己的舞伴。小女孩内心的激动已无法用语言来描绘，她怀疑这一切是不是梦境的延续，今夜命运的天平竟然会朝她那儿倾斜。她索性奢侈一回，决定将剩下的钱在去买些东西来打扮自己。当她再次来到那家商店时，又遇到了那位老绅士。这位绅士淡淡地对她说："我就知道你会回来的。"说着把那顶发夹交给了她，"你把它给落在我这了！"

【智慧】与其说是那顶发夹改变了小女孩的命运，不如说是小女孩心中那种获得自信的心态驱散了内心自卑的阴霾，使她焕然一新。我们虽然不能像寓言故事里那样在我们陷入困境时，有一件事或是一样东西的出现而改变我们的命运，但我们唯一能做着只是改变自己的心态。泰戈尔曾说过："乌云遮住了阳光，却怨天空不明朗！"我们何尝又不是这样的呢，那些内心深处的乌云往往是因为我们自己遮挡住了阳光所造成的。现在，在你认识到这一点的时候，何不将乌云驱散，交还给自己一片明朗的天空呢？

十六、不要失去信心

【妙语】信心是人的征服者，它战胜了人，又存在于人的心中。

——马·法·塔佰

【故事】由于母亲的期望，居伊·德很小的时候就拜于法国当时著名的大作家居斯塔夫门下学习写作。这位大师级的老师，对居伊·德的要求极为严格，甚至是苛刻。每个周末，居伊·德都要带上自己的习作请老师批改。可他的作业，多数都无法让老师满意。为此，居伊·德不得不在老师的指点下反复修改。

有一天，居斯塔夫对居伊·德说："你去巴黎第九大街，在第二个十字路口向左拐，看看路右边的第一个人是谁?"

居伊·德依言来到路口，远远地看到了一座老妇人的雕塑，就赶回来告诉老师："是一个老太婆。"

老师听了摇摇头，不满地说："你看到的别人也能看到，你再去瞧瞧是一位什么样的老太婆?"居伊·德不得不又来到路口。这次，他走近雕像看了几眼，很快回来告诉老师说："那个老太婆很脏，满脸灰尘，头发乱得像鸡窝。"居斯塔夫听后，微笑着说："有进步，但你看到的东西别人还是可以看到，你应该用你的第三只眼睛去看，看到别人看不到的东西。"居伊·德只好第三次来到路口。这次，他走到雕像前面，非常认真仔细地观察起来，回来后兴奋地告诉老师："我发现那个老太婆的鼻子是世界上最蹩脚的木匠随便拿了一块木头削了一块安在她脸上的。"这个时候，居斯塔夫的脸上终于露出了满意笑容。

随着写作训练逐渐深入，居伊·德的写作水平突飞猛进。这期间，居伊·德写了大量的作品，这些作品让同行看来已经高不可及，完全可以拿出来发表，其中很多作品还得到了老师的赞赏。可居斯塔夫还是劝告他，先不要急着发表。

老师的话一时让居伊·德很是不解："为什么我的这些作品不能发表呢?"1875年，25岁的居伊·德背着老师，偷偷公开发表了自己第一篇小说《人手模型》。这是一篇构思奇特的小说：杀人犯的手做成的模型复活了，而且又开始图谋不轨，最后"断手再植"，方才平静下来。作品发表后，许多人读了都赞叹不已，可居伊·德被老师狠狠地批评了一通。"你的那些学步之作，通通都是废纸，因此请不要发表。"末了，居斯塔夫还郑重地对居伊·德居说，"我是一道门槛，你只有从我这里跨过去，才可以走向外面。"

老师的话让居伊·德有些伤心，但他还是遵照师命，从此潜心练习，不再去想发表之事。而之前那些已经写好的作品，他统统束之高阁。

就这样又过了4年。1879年，居伊·德完成了一篇小说。他小心翼翼地拿给老师审阅，等待老师的批评与指点。数日后，居伊·德怀着忐忑不安的心情去见老师。老师看到他后，却一反常态，欣喜若狂地拉着他的手，激动地说："祝贺你，你的文章成熟了，可以面世了。"

居伊·德听后，激动得泪流满面。他一直期盼的这一天，终于来到。这一年，居伊·德已近30岁。而之前在写作上所做的努力，已10多年。

那个刻苦练习写作的青年居伊·德，就是后来法国著名的大作家莫泊桑，而居斯塔夫就是他的恩师著名作家福楼拜。被老师福楼拜首肯的那篇作品，就是莫泊桑的成名作《羊脂球》。

【智慧】凡事贵在坚持，只要坚持就会得到回报，就会看到成绩。一旦放弃了，就前功尽弃，但如果坚持下去，就会像滴水穿石，水坚持不懈，有恒心，终究有一天会穿石，人也一样，有了信念，永不放弃，凡事都可以达成。

十七、优点与弱点

【妙语】用人者，取人之长，辟人之短；教人者，成人之长，去人之短也。

——魏源

责其所难，则其易者不劳而正；补其所短，则其长者不功而遂。

——司马光

不以小恶掩大善，不以众短弃一长。

——朱熹

【故事】第二次世界大战期间，美国陆军反间谍队的高级教官伯尼·费德曼，在一次战地值勤中不幸被德国军虏获。鉴于费德曼的特殊身份，为了从他嘴里掏出所需要的情报，德国审讯员施出了种种手段：严刑拷钉，心理压力，耍弄诡计，给以厚遇。然均未奏效，以至于德国审讯员无奈地道：费德曼大概愿意我们折腾他，这样给他机会成为英雄。但这位铁打硬汉，最终却被出卖了——出卖他的人不是别人，正是他自己的弱点。

原来德国人后来把他送入德国一所培养领导间谍的干部学校去，并让他每天陪同一个教官上课。这位教官不知是有意还是无意，每次讲给学员的东西大都是错误的。起初，费德曼极力忍耐，冷笑置之。有一天他实在忍无可忍，便情不自禁地批驳了德国人一通，并谈了美英机关一些工作的内幕，还向德国人提了一些应该怎样搞清通讯网的建议。自然，这些正是德国人希望知道的。

【智慧】费德曼的悲剧，在于他不容亵渎的职业神圣感和其强烈的敬业精神。德国人正是利用了这一点，将欲取之，乃先诱之，刺激得他"一时技痒"，在维护他的职业尊严中落入对方的圈套。费德曼的职业神圣感和其强烈的敬业精神，本是优点，但优点有时却会成为别人攻击的弱点。德国人正是抓住这一点，达到了自己的目的。

十八、信心的神奇

【妙语】有信心的人，可以化渺小为伟大，化平庸为神奇。

——萧伯纳

【故事】泰国普吉岛流传着一个女孩的故事。当海啸来临之际，10岁的英国女孩蒂利首先发现了海天交汇之处的白色巨浪，她一下联想到地理课本上关于巨浪的知识——就在圣诞节前，她还在思考老师布置的关于巨浪的讨论题目。意识到灾难即将降临的她，立即说服了父母，并和他们一起动员海滩上的游客撤离。当百余名游客刚刚抵达高地时，海啸便无情地吞没了这片海滩。

【智慧】蒂利的故事宛如一朵奇葩，为这场不幸的灾难增添了一丝亮色。感谢蒂利，她让我们看到了什么是真正的素质，知识如何才能转化为行动，并产生力量；感谢蒂利的父母，只有在一个平等、民主、和谐的家庭氛围中，父母才能有耐心，才能充分尊重孩子的想法和意见，而不是简单粗暴地予以压制；感谢蒂利一家，当灾难来临之际，他们并不是只想着自己的安危，而是积极主动地帮助他人脱离危险。蒂利的故事让我们看到了学校教育、家庭教育与社会教育的有机统一，及其巨人威力。当我们整天为未成年人教育忧心忡忡时，蒂利的故事似乎可以给我们更多的感悟。更要感谢蒂利，感谢她的自信。如果当时的她仅仅是对海啸的到来产生了疑问而没有自信去付出实践，也不可能拯救如此多的生命。

十九、自信是一种力量

【妙语】我们对自己抱有的信心，将使别人对我们萌生信心的绿芽。

——拉罗什富科

【故事】小泽征尔是世界著名的音乐指挥家。一次他去欧洲参加指挥大赛，决赛时，他被安排在最后。评委交给他一张乐谱，小泽征尔稍做准备便全神贯注地指挥起来。突然，他发现乐曲中出现了一点不和谐，开始他以为是演奏错了，就指挥乐队停下来重奏，但仍觉得不自然，他感到乐谱确实有问题。可是，在场的作曲家和评委会权威人士都声明乐谱不会有问题，是他的错觉。面对几百名国际音乐界权威，他不免对自己的判断产生了动摇。但是，他考虑再三，坚信自己的判断是正确的。于是，他大声说："不！一定是乐谱错了！"他的声音刚落，评判席上那些评委们立即站起来，向他报以热烈的掌声，祝贺他大赛夺魁。

原来，这是评委们精心设计的一个圈套，以试探指挥家们在发现错误而权威人士不承认的情况下，是否能够坚持自己的判断。因为，只有具备这种素质的人，才真正称得上是世界一流音乐指挥家。在三名选手中，只有小泽征尔相信自己而不附和权威们的意见，从而获得了这次世界音乐指挥家大赛的桂冠。

【智慧】自信是一种力量，无论身处顺境，还是逆境，都应该微笑地，平静地面对人生。有了自信，生活便有了希望。"天生我材必有用"，哪怕命运之神一次次把我们捉弄，只要拥有自信，拥有一颗自强不息、积极向上的心，成功迟早会属于你的。

信任你的内心，听从它的声音，特别是在其坚强而有力时，更应如此。千万不要与内心背道而驰，它是你天生的先知，能够预测各种重要的事情。因为对自己的内心产生怀疑，很多人都身陷险境，甚至导致灭亡。但是，如果不谋求更好的解决措施，仅仅是怀疑又有什么用呢？许多人天生就拥有一颗明慎的心，它总是能够给他们以提示，并对他们示警，提醒他们防范灾祸。不要在灾祸来临时匆忙应对，而是应该在其没有成型前征服它，这才是明慎的处世之道。所以说，自信也要有分寸。否则，过分自信，就会变得狂妄自大，目中无人，或是轻举妄动，那么必然会导致失败。

二十、人皆需自尊

【妙语】自尊自爱，作为一种力求完善的动力，却是一切伟大事业的渊源。

——屠格涅夫

【故事】七十多年前，一位挪威青年男子漂流来到法国，他报考著名的巴黎音乐学院。考试的时候，尽管他竭力将自己的水平发挥到最佳状态，但主考官还是没能看中他。

身无分文的青年男子来到学院外不远处一条繁华的街上，勒紧裤带在一棵榕树下拉起了手中的琴。他拉了一曲又一曲，吸引了无数人的驻足聆听。饥饿的青年男子最终捧起自己的琴盒，围观的人们纷纷掏钱放入琴盒。

一个无赖鄙夷地将钱扔在青年男子的脚下。青年男子看了看无赖，最终弯下腰拾起地上的钱递给无赖说："先生，您的钱丢在了地上。"

无赖接过钱，重新扔在青年的脚下，并傲慢地说："这钱已经是你的了，你必须收下！"青年男子再次看了看无赖，深深地对他鞠了个躬说："先生，谢谢您的资助！刚才您掉了钱，我弯腰为您捡起，现在我的钱掉在了地上，麻烦您也为我捡起！"

无赖被青年男子出乎意料的举动震撼了，最终捡起地上的钱放入青年男子的琴盒，然后灰溜溜地走了。

围观者中有一双眼睛一直默默关注着青年男子，是刚才的那位主考官。他将青年带回学院，最终录取了他。

这位青年男子叫比尔·撒丁，后来成为挪威小有名气的音乐家，他的代表作是《挺起你的胸膛》。

弯弯腰，拾起你的尊严！

【智慧】高度的自尊心不是骄傲自大或缺乏自我批评精神的

同义词。自尊心强的人不是认为自己比别人优越，而只是对自己有信心，相信自己能够克服自己的缺点。

人皆有自尊，人皆需自尊。自尊，犹如一面旗帜，赫然凌驾于地位尊卑，家境贫富，能力大小，条件优劣等尘世俗念之上，在人类精神和灵魂的制高点高高飘扬；自尊就是力量，自尊的力量，足以化腐朽为神奇，变耻辱为荣光。试观寰宇，多少人杰，就是这样高攀着自尊的旗帜，凭者自尊的力量，在厄逆中奋起，在挫折中挺进，披荆斩棘，一路豪歌，而最终冲上了事业的颠峰。自尊是人生杠杆中不可缺少的支点，它赋予生命以意义。

二十一、不为五斗米折腰

【妙语】 安能摧眉折腰事权贵，使我不得开心颜！

——李白

【故事】 "不为五斗米折腰"这则成语的意思是用来比喻有骨气、清高。这个成语来源于《晋书陶潜传》：吾不能为五斗米折腰，拳拳事乡里小人邪。陶渊明又名陶潜，是我国最早的田园诗人。他所以能创作出许多以自然景物和农村生活为题材的作品，与他的经历和处境有着密切的关系。

公元405年秋，他为了养家糊口，来到离家乡不远的彭泽当县令。这年冬天，郡的太守派出一名督邮，到彭泽县来督察。督邮，品位很低，却有些权势，在太守面前说话好歹就凭他那张嘴。这次派来的督邮，是个粗俗而又傲慢的人，他一到彭泽的旅舍,就差县吏去叫县令来见他。陶渊明平时蔑视功名富贵,不肯趋炎附势,对这种假借上司名义发号施令的人很瞧不起,但也不得不去见一见,于是他马上动身。不料县吏拦住陶渊明说:"大人,参见督邮要穿官服,并且束上大带,不然有失体统,督邮要乘机大做文章,会对大人不利的!"这一下,陶渊明再也忍受不下去了。他长叹一声,道:"我不能为五斗米向乡里小人折腰!"说罢,索性取出官印,把它封好,并且马上写了一封辞职信,随即离开只当了八十多天县令的彭泽。

【智慧】人活一世,金钱富贵,高官厚爵是可以通过努力得来的,所以只要一个人肯努力,这不是不可以舍弃的事物。但是,作为一个人,自尊是支撑我们挺立于世的脊梁,是我们万万不可丢弃的节操,也是我们不可伤害的骄傲。所以,自尊是我们要守护好的,最为重要的精神。

二十二、正确对待错误

【妙语】知错能改,善莫大焉。

——孔子

【故事】沈从文的名字对大家来说并不陌生,他是我国著名的现代作家,他的作品《边城》与很多著名的文章都给人们留下了深刻的影响。他出生在湖南省凤凰县的一个农户家庭。小时候,特别喜欢看木偶戏,常常因为看戏入迷而耽误了读书,为此也没少受到老师的批评。

有一天上午，为了看戏，沈从文又偷偷地从课堂里溜了出来，那天木偶戏演的是"孙悟空过火焰山"。沈从文看得眉飞色舞，捧腹大笑，把上课的事忘到了九霄云外。一直到太阳落山，他才恋恋不舍地回到学校。这时，同学们都已经放学回家了，沈从文也赶紧收拾书包跑回了家。第二天，沈从文刚走进校门，老师就严厉地责问他昨天为什么旷课。他羞红着脸，支支吾吾地答不上来。老师很气愤，就让他跪在树下，作为对他昨天旷课的惩罚，并大声训斥道："你看，这楠木树天天往上长，而你却偏偏不思上进，甘愿做一个没出息的'矮子'。"

后来，老师又把他叫去，对他说："大家都在用功读书，你却偷偷溜去看戏。我虽然批评了你，可这也是为了你好。一个人只有尊重自己，才能得到别人的尊重……"老师的一番话，使沈从文感动得流下了眼泪，他向老师承认了自己的错误，并保证以后不会再犯这样的错误了。从老师那里出来后，他暗暗发誓，一定要记住这次教训：无论什么时候，做错了事情，都要勇于承认。此后，沈从文经过自己不懈的努力成了一名成功的作家，受到后人的赞扬。

【智慧】我们几乎每天都能从各种媒体中听到别人成功的欢呼和感觉到成功者的喜悦。的确，只要是一个健康的、稍微有点企图心的人，谁不渴望有所成就呢？日常生活中，在羡慕别人成功的时候，总会抱怨自己不小心犯下大大小小的错，总是遗憾与机遇擦肩而过，与成功无缘。事实表明并不是成功与我们无缘，而是我们缺乏坚决要成功的态度，我们心中总认为自己应该成功，但结果自己没有成功。许许多多的成功都是在错误中反思，从错误中成长，从大错到小错，从小错到辉煌。世界上没有谁不犯错就可以获得成功的，每个人只要有敢于面对错误的勇气，正确对待错误，不断改正错误，就一定能获得成功。

二十三、小事不可忽视

【妙语】 我们很少想到我们有什么，可是总想到我们缺什么。

——叔本华

【故事】 有一个小男孩，父亲要他学拉丁文，但他对拉丁文不感兴趣，便对父亲说："我不喜欢拉丁文，能不能换个事情做？"父亲说："可以啊，你去挖水沟好啦，牧场正需要一条灌溉渠道。"于是，小男孩便真的到牧场去挖水沟。可是，拿惯笔的人，拿起锹来却十分吃力，当天他就累得疲惫不堪。他咬紧牙关再坚持了一天，到了傍晚，怎么也熬不住了，他只好承认："疲累压倒了我的傲气。"他终于回到了学拉丁文的课堂上。

在以后的岁月里，小男孩一直记着从这件挖水沟的小事中得到的教训：必须承认人有所长，也有所短；人有所能，也有所不能。

正是这件小事，改变了小男孩的一生，使他认识到，一个人不管多优秀，也有所短，也有所不能。所以，他总是善于借别人之长补自己之短，借别人所能补自己所不能。最后，他终于成为国家的栋梁，他就是美国历史上第二位总统约翰·亚当斯。

【智慧】 小事微不足道，但小事不可忽视。只要善于从小事中总结经验，汲取教训，小事也可成就伟大的人生。

我们也总是经历着文中小男孩所经历的，拥有的想放弃，没有的想拥有，也许这就是生活。但生活也同时告诉我们，有些东西可能失而复得，如健康，金钱，地位，朋友等，有些东西一旦失去，便不会再有，比如青春，又比如时间。而这些无法挽回的，就是我们要格外珍惜的。

二十四、了解过去

【妙语】要想把握现在，就得了解过去。

——玛西莫·维格尼利

【故事】莱拉·维格尼利和玛西莫·维格尼利是一对曾获130多枚奖章的内部平面设计组合者，结婚至今已有50年。他们是著名的创意制作者，纽约地铁签名即为其作品。

莱拉·维格尼利（Lella Vignelli）："合格的设计师应该了解以前发生过的事情，要知道一些历史。回溯过去，可以从前人的成果中学到很多经验。"

玛西莫·维格尼利（Massimo Vignelli）："要想把握现在，就得了解过去。"

莱拉·维格尼利："人们问我们，'怎么还不退休啊？'但我们确实很喜欢我们从事的工作。"

玛西莫·维格尼利："人得有激情才行。我这辈子明白的道理就这一条最精彩：天生我才必有用。这是对艺术、设计行业和信息行业最好的诠释。每个人在这世上都有立足之地。"

　　莱拉·维格尼利："合格的设计师应该了解以前发生过的事情，要知道一些历史。回溯过去，可以从前人的成果中学到很多经验。"

　　玛西莫·维格尼利："要想把握现在，就得了解过去。学问是唯一重要的东西。我们对年轻人的忠告是，用尽可能多的信息资料填充你的大脑。关注每件事，了解每件事，然后建立一个批判性的思想体系。历史事件、理论基础以及批判性思维，是职业生涯不可或缺的三个要素。历史能促进你对本职的理解；理论是支撑你职业的基石。批判性思维则让你持续性的掌握所从事的内容。运用好这些工具，你能作出非常好的成果来。"

　　【智慧】过去是一次次或失败或成功的例子所构成的。当我们回顾过去的时候，要从成功中提取经验，从失败中获得教训。这样，在看看今天的我们，就可以知道过去的生活给了我们什么，我们又要从将来的生活中得到什么。

二十五、坚守信念

　　【妙语】信念！有信念的人经得起任何风暴。

——奥维德

　　【故事】尼可洛·帕格尼尼是意大利小提琴家、作曲家，被人称为"独弦琴上练出来的小提琴家"。

　　他的艺术道路坎坷不平。他生于一小商人家庭，据说，曾因为政治犯罪坐了20年牢。但即使是身陷囹圄，他也不曾灰心，而是坚持狱中学习。他在狱窗边，用一把只剩下一根弦的提琴，坚持苦练，几十年如一日，终于在演奏技巧方面达到了出神入化的境地。他的创作和演奏，奔放不羁，富于激情，对同时代的浪漫派作曲家有较大的影响。

【智慧】身陷囹圄而能最终成才，一方面要有坚强的信念和毅力，另一方面，也有对生命的渴望和对艺术的执著。坚守信念，是凤凰涅槃的秘诀。才能有用完的时候，盛名也有消散之时。对人的敬佩之情，会在习以为常或者波折中中逐渐损耗腐蚀。再显赫的成就也会失去光彩，因为它远不如平庸但新奇事物的诱惑。因此，勇气、才能、幸福等所有方面都应该时时更新。不论遭遇什么状况，都要有自己的信念，要努力，坚持，要敢于重现你的辉煌，就如同太阳每天都会重新升起一样。远离公众视线，也许是形势所迫，也许并非人愿。但是，如果从另一角度来看，离去能够使人们加倍怀念。等到重放光彩之日，将会赢得人们的齐声喝采。

二十六、信心与命运

【妙语】信心是命运的主宰。

——海伦·凯勒

【故事】俄国著名戏剧家斯坦尼夫斯基，有一次在排演一出话剧的时候，女主角突然因故不能演出了，斯坦尼夫斯基实在找不到人，只好叫他的大姐担任这个角色。他的大姐以前只是一个服装道具管理员，现在突然出演主角，便产生了自卑胆怯的心理，演得极差，引起了斯坦尼斯拉夫斯基的烦躁和不满。

一次，他突然停下排练，说："这场戏是全剧的关键；如果女主角仍然演得这样差劲儿，整个戏就不能再往下排了!"这时全场寂然，他的大姐久久没有说话。突然，她抬起头来说："排练!"一扫以前的自卑、羞怯和拘谨，演得非常自信，非常真实。斯坦尼斯拉斯夫基高兴地说："我们又拥有了一位新的表演艺术家。"

【智慧】这是一个发人深思的故事，为什么同一个人前后有天壤之别呢？这就是自卑与自信的差异。

从另一方面来说，要不断地培养他人对你的期望。每做成一件事，就应该让他人知道你尚有更大的成功机会，让期望越来越大。因此，不可以一开始就将自己全部才能展现出来。诀窍是隐瞒自己的实力与知识，一点一滴，循序渐进，最后达到成功的顶点。更重要的是自己首先要相信自己的才能，才能让别人相信，才能让别人对你有所期望。

二十七、认识到自己的渺小

【妙语】一个人的真正伟大之处就在于他能够认识到自己的渺小。

——保罗

【故事】汉末，黄巾事起，天下大乱，曹操坐据朝廷，孙权拥兵东吴。汉宗室豫州牧刘备听徐庶和司马徽说诸葛亮很有学识，又有才能，就和关羽、张飞带着礼物到隆中卧龙岗去请诸葛亮出来帮助他替国家做事。恰巧诸葛亮这天出去了，刘备只得失望地转回去。不久，刘备又和关羽、张飞冒着大风雪第二次去请。不料诸葛亮又出外闲游去了。张飞本不愿意再来，见诸葛亮不在家，就催着要回去。刘备只得留下一封信，表达自己对诸葛亮的敬佩和请他出来帮助自己挽救国家危险局面的心意。过了一段时间，刘备吃了三天素，准备再去请诸葛亮。关羽说，诸葛亮也许是徒有一个虚名，未必有真此才实学，不去也罢。张飞却主张由他一个人去叫，如他不来，就用绳子把他捆来。刘备严厉地责备了张飞，又和他两人第三次访诸葛亮。到时，诸葛亮正在睡觉。刘备不敢惊动他，一直站到诸葛亮自己醒来，才彼此坐下谈话。

诸葛亮见到刘备有志替国家做事，而且诚恳地请他帮助，就出来全力帮助刘备建立蜀汉皇朝。

这就是有名的三顾茅庐的故事。最终，刘备在诸葛亮的辅佐下成就了一番霸业，也使当时的天下呈现出魏蜀吴三足鼎立的现象。

【智慧】位高权重之人的身边，总是围绕着许多足智多谋的贤人，在其因为无知而陷入困境时，这些人能够帮助他摆脱困境。每个人都有自己的缺点，而我们往往最难做到的，就是去认知自己的缺点，并想办法弥补。但是，有些缺陷可以凭借努力来弥补，有些却不可以。这就是懂得合作的重要性。每个人都有自己的长处，也有自己的短处。要善于发现别人的长处，了解自己的短处。这样，在生活或工作中才能用别人的长处来弥补自己的短处，使自己更完满，从而获得更大的成功。

二十八、自尊与自信

【妙语】一个人是否有成就只有看他是否具有自尊心和自信心两个条件。

——苏格拉底

【故事】意大利著名影星索非亚·罗兰自小就想成为电影明星。她16岁时来到罗马，打算在这里圆自己的演员梦。可是很多人都对她说她的自身条件太差——个子太高，臀部太宽，鼻子太长，嘴太大，下巴太小，也就是说，她的外在条件无一能够跟人们所想象的那种演员外型吻合。就连著名的制片商卡洛也跟她说，如果她真想干这一行，就得把自己的鼻子和臀部"动一动"。但这提议遭到了索非亚的强烈反对。她反驳道："我为什么非要跟别人一样呢？"几年后，她成功了，那些有关她"鼻子长，嘴巴大，臀部宽"的议论也无声无息了，这些特征反而成了衡量美女的标准。

正是索非亚罗兰德自信，为自己的人生开启了新的篇章，也为世界打开了另一扇窗

【智慧】罗兰的成功一部分在于其新颖，新鲜的事物能够使人耳目一新。但更重要的是她的自信与自尊令人折服。她有勇气

也有信心逆流而上，并且强烈的自尊心让她不屑与普通人为伍，她希望开辟出自己的天地。当时的罗兰想必也不会预料到自己的影响之大，但是，正是她对自尊与自信的坚持，让她不仅在当时的演艺界获得了巨大的成功，也为世界掀起了另一场风暴。

二十九、远虑与近忧

【妙语】 人无远虑，必有近忧。

——孔子

【故事】 安德鲁·卡内基是一个聪明的商人，他偶然地从战争中发现了赚钱的机会，他打算成立一个铁桥建设公司。但当时他手头的钱还不足以建立一个公司，很多人劝他说：现在的工作收入也不错，干吗要去冒险呢！但他一旦下定决心，就会立即付诸于行动。他四处筹集资金，很快建立了铁桥建设公司。那时专门从事这一行业的公司还很少，且大多设备不全，不能担当所有项目的设计和施工。所以卡内基铁桥建设公司成立后，工程不断，大量的财源流入了安德鲁·卡内基的口袋。

而正当他的事业十分红火之时，却放弃了自己苦心创建的铁桥建设公司，他分析当时的经济状况，决定在钢铁方面开拓自己的事业。在力排众议和努力学习之后，他创建了自己的钢铁公司，并用世界先进的运营手段使公司发展前景一片光明。而卡耐基本人，也成为了闻名于世的成功商人。

【智慧】 不同的人有不同的眼光，有些人比较急功近利，往往只顾眼前利益。这种人目光短浅，虽然会暂时表现得相当出色，但却缺少一种对未来的把握和规划的能力，做事只停留在现在的水平上。然而，有抱负的人不会只顾眼前的利益，而忽视长远的发展，他们会从中找方法、找机会，取得更大的收获。

看一个人是否具有长远的眼光，主要是看能否抵挡得住小的诱惑。最可怕的敌人，不是你的竞争对手，而是你自己的眼前利益。不因小失大，这个道理一般人都懂。但当"小"充满诱惑，而"大"又十分遥远时，这个选择才至关重要。

怎样能有远虑？这种能力并非与生俱来，而是在一次次失败中不断反省，不断积累经验而获得的。

与其去诅咒命运不济，不如检讨失败的生活方式，尽早转变观念，挖掘自信，那么命运的分配自然会对你重新偏爱。成功好比一块蒙尘的金子，灰心的观念只能使它尘上添灰，而自信的观念犹如磨砂，不管在哪都会让尘封的金子重新闪光。

三十、不要与别人一样

【妙语】自然界的所有差异，换来了整个自然界的平静。

——蒲柏

【故事】法国科学家曾经做过这样一个实验：把十来条毛毛虫放在一只花盆的边沿上，首尾相连，围成一圈，花盆周围不到6寸的地方，撒了很多毛毛虫喜欢吃的松针。这时候，毛毛虫开始一个跟着一个，绕着花盆，一圈又一圈地行走。一个小时过去了，一天过去了，毛毛虫还在不停地，坚韧地团团转。一连走了七天七夜，终于因饥饿和劳累而相继死去。这其中，只要有一只稍微与众不同，情况可能就会完全是另外一种模样。

【智慧】我们常常会以"我和某某很相似"而自豪，这个"某某"又常常是在某一方面有特长的人。可是，哪一个出色的人不是因为和别人不同才脱颖而出？总是追求和别人相同，最终不是诸事平平，便是饥饿而死啊！

三十一、不要把自己困在鱼缸里

【妙语】生活并不是一条人工开凿的运河，不能把河水限制在一些规定好了的河道内。

——泰戈尔

【故事】有一次和朋友去海洋馆。有个旅客，问海洋管理员说："这只鲨鱼会长多大？"海洋管理员指着水族箱说："要看你的水族箱有多大。"旅客又问："会跟水族箱一样大吗？"管理员仔细地说："如果在水族箱，鲨鱼只能局限几公尺的大小，如果是在海洋，就会大到一口吞下一头狮子。"

【智慧】环境可以改变一个人的思想。环境能限制人的思想，人也可以限制自己的思想。不要给自己加框，无法改变环境时，就从改变自己开始。河床土质的好坏决定着河水的品质，出生之地的优劣也同样影响着一个人的品性。有些人比别人更多地受到故乡的恩惠，因为那里天清气爽。不论是哪个国家，即便它有高度发达的文明，也有其与生俱来的缺陷。这些缺陷能够让其他国家聊以自慰。如果你能够纠正自己的缺陷，就相当于打了一场胜仗。在同胞中，你就会变成出类拔萃的人而受到尊敬，因为出人意料的成功总是能够让人敬佩。其他的缺陷来源于人们的家庭，职业和所处时代。如果这些缺陷都出现在一个人身上，并且没有得到纠正，那么他在别人眼中就会成为一个怪胎。只有清醒地认识自己，才能避免缺点。

最完美的人也会有缺陷。这些缺陷就像是影子一样跟随着我们。才智有其缺陷，越是智力非凡的人，缺陷也就越多。有些人并不是不知道自己有缺陷，而是因为他们对这些缺陷有着特别的感情。这是双重的不幸：既有缺陷，又对其怀有不理智的情感。这些缺陷是完美的瑕疵，令拥有者高兴，却让别人感到憎恶。能够消除这些缺陷是一件了不起的事情，这是战胜自我的一种勇敢的方式。人们都善于洞察他人的缺点，他们不会钦佩你的才华，只会紧盯着你的缺点不不放，并添油加醋的抹黑它，使你的其他才能也会变得黯然失色。

三十二、个人的自尊心

【妙语】人类有许多高尚的品格，但有一种高尚的品格是人性的顶峰，这就是个人的自尊心。

——苏霍姆林斯基

【故事】一群饥饿的难民来到了一个小镇上，等待着镇长给他们发放食品。当镇长把面包和奶酪递到一个年轻人的面前时，年轻人没有像其他人那样急着接过食物，而是开口对镇长说道："先生，你送给我这些吃的，有什么活让我干吗？"

镇长笑着回答："我只不过是给你们提供些帮助而已，哪来的活让你干啊？"

"不，先生。如果没有活干的话，我是不会接受你的食物的！"年轻人的口气很坚决。

镇长很感动，但的确没有什么活让年轻人干，不得已，只好蹲下来，让年轻人替他捶了捶背。

后来，年轻人留在了小镇上，并和镇长的女儿结了婚。二十年后，这位年轻人成了一位石油大亨。

【智慧】这位年轻人的成功，固然有许多因素，但他那种拒绝不劳而获的做法，却为他赢得了宝贵的自尊。看来构筑成功的大厦，除了自信的水泥、自强的砖块之外，还离不开那种名叫自尊的钢筋！

三十三、理解能力

【妙语】夫水行不避蛟龙者，渔父之勇也；陆行不避兕虎者，猎夫之勇也；白刃交于前，视死若生者，烈士之勇也；知穷之有命，知通之有时，临大难而不惧者，圣人之勇也。

——庄子

【智慧】在水上行进不躲避蛟龙，这是渔父的勇敢；在陆上行走不怕犀牛老虎，这是猎人的勇敢；白刃相加，视死如归，这是烈士的勇敢；懂得不幸是由命运造成的，得志是时机决定的，遇大难而不畏惧，这是圣人的勇敢。古人论述勇敢很多，总而言之，不外力勇和心勇两大类。力勇是物质层面的，心勇是精神层面的，力勇与心勇又各有几种情况。凡是力大而勇者，徒手格杀猛兽；凭手中武器而不惧者，或有其他凭借而胆壮气雄者，亦为力勇。心勇有机智之勇，有玄智之勇，有道义之勇等，是一种精神上无坚不摧的力量，一种顶天立地大无畏的英雄气概。渔父猎人之勇是力勇，烈士之勇是道义之勇，而圣人之勇是玄智之勇。

清醒认识自己的能力与身份是获得胜利的关键。那么如何认知自己？自知或从知者处知。

生活在这个世界上需要有足够的理解能力，它包括自己的理解力，也包括从他人那里获得的理解力。可是很多人并不懂得自己无知，更有甚者不懂却自以为懂。愚蠢之病，无药可医。那些无知的人由于没有自知之明，所以从来不会自我反省，发现自己的缺陷。有些人如果不是以圣哲自居，本来是可以成为圣哲的。明慎的哲人本来就很稀少，却又投闲置散，门可罗雀，无人上门求教。求教高明之人无损你的伟大，也不会让人对你的才能产生怀疑。相反，会为你增添美名。

三十四、自知者明

【妙语】知人者智，自知者明；胜人者有力，自胜者强。

——老子

【故事】相传汉高祖刘邦在弥留之际，吕后问道，萧何死后汉家谁可做相，高祖答，曹参可以。及到萧何病重期间，惠帝问，万一丞相百年之后，谁可以代替你？萧何不假思索的回答：曹参。而此时身在齐国为相的曹参，当听到萧何的死讯后，连忙吩咐舍人，奔赴京师，并说自己很有可能做宰相。不久之后，天子果然遣使宣曹参进京做丞相。

曹参担任宰相一职，汉高祖认为可行；萧何也认为可行；汉惠帝认为可行；曹参自己也认为可行，因而汉朝才得以继续振兴。曹参的自知之明，是来自于自身实力的明证，而不是盲目的夜郎自大，纸上谈兵。

【智慧】能了解他人的是智者，能认识自我的是高明之人；能战胜他人的有力量，能战胜自己的是强者。勉励人们要有自知之明、自制之力，能熟知自己的缺点并勇于克服它。

人生在世，总是得跟人打交道的，离开了别人就无法生活下去。人的本质是其社会性，人既是社会关系的产物，也生活在社会关系之中，有亲戚关系、朋友关系、阶级关系、同学关系、同事关系、上下级关系、敌对关系等。毛泽东说，革命的首要问题是分清敌友我的问题，其实人活着就得注意分清敌我关系，是朋友就要团结，是敌人就要戒备。

要分清敌我，就得有认识、分析、评价他人和自我的能力。要认识一个人，不但要观其言而察其行，看看他的言行是否一致，还要大体了解其人的历史，看看他以前的人生路是怎样走过来的。更重要的是调查他的社会关系，看看曾经和他生活在一起的人怎样评价他。常言说："人非圣贤，孰能无过？"其实，圣贤也有过错，只是小些罢了。金无足赤，人无完人，我们对人不要求全责备，只要优点大于缺点，贡献大于索取，就是好伙伴。俗话常说："人贵有自知之明。"也就是自己能称出自己的份量。人们往往自视过高，因而这是很不容易做到的，也是人活在世上最起码的底线。一个人，连自己的轻重都不知道，就无法在社会上恰如其分地为人处事。摆不对自己的位子，或没大没小、没轻没重，往往越分乱礼，头破血流。

第二章　正确对他人

一、先学会尊重别人

【妙语】恭则不侮，宽则得众，信则人任焉，敏则有功，惠则足以使人。

——孔子

【智慧】要想得到别人的尊重，必须先学会尊重别人。对别人以谦恭之礼，举止淳化、得体。在大力弘扬民族文化，倡导人权平等以及人性化管理的今天是尤为值得我们借鉴的宝贵财富。

宽宏大量会使你的精神达到新的境界

美国教育者威廉菲尔说："真正的快乐，不是依附外在的事物上。池塘是由内向外满溢的，你的快乐也是由内在思想和情感中泉涌而出的。如果，你希望获得永恒的快乐，你必须培养你的思想，以有趣的思想和点子装满你的心。因为，用一个空虚的心灵寻找快乐，所找到的，也只是快乐的替代品。"

二、忘记自己而爱别人

【妙语】人只应当忘记自己而爱别人，这样才是高尚，才能安静和幸福

——列夫·托尔斯泰

【故事】北魏历史上有个著名的人物高允，他经历过五代君王，创造这个纪录，除了因为历代君王的器重与喜爱，另一个重要原因则是他足够长寿。高允信佛，他曾乐观地估计自己会有百岁的寿命，结果活到了98岁。

有一天文成帝召开朝会，发现著作郎高允已经27年没升过职，他本人居然从未提过这方面的要求，不由得大为感慨。他说："你们这些人虽然每天手拿刀枪弓箭，在我一旁侍候，然后观察我高兴的时候向我乞求官职，这不过是站立的功劳，却得到封王封侯。高允用一支笔辅佐国家，他的部下已经有一百几十人都官至刺史了，他却一直在做郎官，你们难道自己不感到羞愧吗？"

大臣们听了面面相觑，没敢吱声。这时司徒陆丽上前禀告说："陛下教训得是，高允虽然没少受皇恩的恩宠，但家中贫苦，妻子儿女没有家产。"

文成帝大为惊讶，要亲自到高允家察看。高允果然家徒四壁。文成帝深受触动。孝文帝曾专门为高允颁布一道诏书，令每天早晚为高允供应饮食。每月的初一和十五赠送给他牛肉和美酒，每年的春秋两季赠送给他各种山珍海味。还要按月发给衣服

丝绵和绸缎。高允十分高兴，留下鼓乐，因为他特别喜欢听音乐，其余的赏赐又全部发给了亲属和故交。

98 岁那年，高允身体略感不适。孝文帝派使者赏给高允皇帝享用的各种精美食品，从美酒粮米到食盐肉酱，以及床帐、衣服、被褥、几杖等，非常齐备，总计有一百多种，都是当时的上等产品，把庭院堆得满满的。高允喜形于色，摸着这些东西说："皇上认为我太老了，赏赐这么多东西，正可以分发给客人了。"

【智慧】心中无我，唯有他人最为念；无欲无求，粗茶淡饭自心安。这就是高允的境界吧！98 岁的高龄在那样一个不甚发达的时代实在是一个让人难以企及的高度，但那又何尝不是对他一生想别人多，想自己少的报偿呢？

三、选择宽容

【妙语】宽容与刻薄相比，我选择宽容。因为宽容失去的只是过去，刻薄失去的却是将来。没有宽宏大量的心肠，便算不上真正的英雄。

——普希金

【故事】2009 年 4 月 2 日，南非世界杯足球预选赛赛场上，大名鼎鼎的欧洲劲旅德国队和默默无闻但实力并不可小觑的威尔士队正在进行激烈的对抗。当比赛进行到下半场第 38 分钟时，场上出现了令人目瞪口呆的一幕：德国队队长、中场大将巴拉克被本队年轻的前锋波多尔斯基甩了一耳光。

原因是在一次防守结束后，巴拉克批评波多尔斯基在防守中不够积极。年轻气盛的波多尔斯基当时正为自己没有进球而郁闷不已，冲动之下便抬手给了这位在德国足坛上功勋卓著的名将一个耳光。队友和观众都认为巴拉克在大庭广众之下肯定难以忍受这样的奇耻大辱，但巴拉克却只是捂了一下被打的脸颊，又迅速投入到比赛当中。最终德国队以 2 ：0 力克威尔士队，为进军南非世界杯迈出了坚实的一步。

巴拉克在这一耳光事件上的表现赢得了媒体和世界球迷的一致赞许。因同队队友内讧而致使球队战斗力锐减甚至惨败的事例，在世界足坛屡见不鲜。作为德国队的领军人物，巴拉克在遭受羞辱时所表现出的大将风度，为年轻球员作出了表率。对巴拉克的宽容和保护，波多尔斯基又羞又愧。他在事后说："我是一个白痴，而巴拉克是我永远的偶像。"

【智慧】宽容是一种美德，是一种胸怀。我曾看到一位老人的一首诗，他称赞：宽容是蔚蓝的大海，纳百川而清澈明净；宽容是高阔的天空，怀天下而不记仇恨怨愤；宽容是灿烂的阳光，送你甘霖送你和风；宽容是延续生命，生命的辉煌也只有闪烁的一瞬；宽容大度才能超越局限的自身，一语宽容，雨露缤纷，一生宽容，心系乾坤。

四、柔和谦卑的态度

【妙语】傻瓜缴学费学习，聪明人以傻瓜缴的学费学习。

——巴西谚语

【故事】有一个楞头楞脑的流浪汉，常常在市场里走动。许多人很喜欢开他的玩笑，并且用不同的方法捉弄他。其中有一个大家最常用的方法，就是在手掌上放一个五元和十元的硬币，由他来挑选，而他每次都选择五元的硬币。大家看他傻乎乎的，连五元和十元都分不清楚，都捧腹大笑。每次看他经过，都一再地以这个手法来取笑他。过了一段时间，一个有爱心的老妇人忍不住问他："你真的连五元和十元都分不出来吗？"流浪汉露出狡黠的笑容："如果我拿十元，他们下次就不会让我挑选了。"

【智慧】当人自以为聪明时，其实正显出愚昧和无知。

让我们多以柔和谦卑的态度与人相处，那才真正是智者的作为。

五、人心难知

【妙语】凡人心险于山川，难于知天。

——《列御寇》

【故事】齐桓公手下有三个小人：易牙、竖刁、开方，整天变着法儿哄桓公开心。桓公离了他们就活得索然无味，食而不甘，寝而不安，口无谑语，面无笑容。桓公好色，连同宗姐妹都不放过，姐妹七人不出嫁；桓公好打猎，有时直到半夜才回宫，不尽兴不返；桓公好吃，天下好东西没有吃不到的。但他能重用本是仇人的管仲，终能"九合诸侯，一匡天下。"成为春秋五霸之首。他手下厨师易牙烧得一手好菜，有一次闲谈，桓公对易牙说："我是有名的饕餮，吃遍天下美味，就是没吃过人肉了，不知是啥滋味？"易牙回家便把自己的小儿子杀掉，清蒸了给桓公吃。竖刁也是心怀叵测之人，自愿阉割以侍奉桓公。开方原是卫国太子，却自愿到齐事桓公，桓公有两房夫人是卫国公主。管仲临终前要桓公务必斥逐三个小人，桓公仍执迷不悟，还执着地认为他们是大忠臣，甚至有以他们三人之一为相的意思。桓公说："易牙可以为相吗？"管仲回答说："您不问我也打算说，易牙、竖刁、开方三人心地险恶，必不可近，务要斥逐。"桓公说："易牙烹其子以快我，是爱我胜于爱子，还值得怀疑吗？""人情莫爱于子，亲生骨肉都忍心杀掉，还有什么事不忍心干呢？在您年老无能的时候难道就不杀您吗？"桓公又道："竖刁自阉以伺候我，是爱我胜于爱自己的身体，还能怀疑其忠心吗？"

【智慧】大凡人心比山川还险恶，知心比知天更困难。天还有春夏秋冬之变，旦暮早晚之不同气象，天文气象人员能很好地预知、把握它。而人心隔肚皮，做事两不知，没有仪器能预知或测定对方是否说谎，对方心里有何阴谋。所以自古以来人们有感："画龙画虎难画骨，知人知面不知心。"大奸若忠，大盗若圣，大恶若善，大伪如真，大丑若美，大不肖若贤，大逆若孝，大敌若友，大害若益，大愚若智，大怯若勇……所以说，判断一个人绝对不可以看表面，而是要深入了解他，透过他的言行看他的本质。这样，才能保护自己免受灾害。

六、取人之长补己之短

【妙语】知有所困，神有所不及也。虽有至知，万人谋之。

——庄子

【故事】古希腊神话中的大英雄阿基里斯（Achilles）刚生下时他的母亲提着他的脚后跟在一条神河的水里浸过，因此全身除了脚踵也都刀枪不入，唯有脚踵是其致命弱点。所以，后人也将"阿基里斯的脚踵"（Achilles's heels）作为为"致命弱点"的代名词。而阿基里斯最终也因他的脚踵被对手射中而丧生。

【智慧】人的智力有穷尽，思虑有达不到的地方，纵然有极高的智慧，也需要众人来一起谋划。万事万物皆有其极限、缺陷，没有十全十美的。因此人都要谦虚，取人之长补己之短才能不断进步。全知全能的人在现实世界中是不存在的，因此集思广益是十分必要的。"柴多火焰高，人多力量大"，刚愎自用的人终因自身的不足而垮台，万物皆以其致命弱点而失败。

炼就金钟罩功夫的人，刀枪不入，但一戳气门则如气球而瘪矣。每个事物都有其闪光点，相对而言其他方面就黯然逊色。闪光点越明亮，其他方面越黯淡，有盖世无双之长处的人必有盖世无双之缺点。人的最大缺点就是缺乏自知之明，不能正确地审视自己，看不到自己的弱点缺点短处不足，因而也没有克服自己缺点、战胜自己弱点的勇气。不能正确审视自己缺点的人也不能正确审视自己的长处，因而也不能自用其长。说到底就是受私心物欲的遮蔽，因而缺乏自知之明，缺乏自制之力，缺乏自用之能。

七、择友需慎重

【妙语】夫为天下者，亦奚以异乎牧马哉？亦去其害马者而已矣！

——庄子

【故事】黄帝曾问一个牧童如何治理天下，牧童说了这一句话："治理天下和牧马有什么不同呢？也就是除掉害群之马而已！"其实做什么事不是这样呢？清除不利因素而已。奸臣不去朝必乱，违纪不去军必乱，奸商不去国易乱，逆子不去家必乱，恶友不去交往乱，盗淫不去民不安，恶徒不去塾必乱，妒妇不去妻妾乱，恶优不去梨园乱，害马不去厩必乱。

伍子胥和伯嚭原来都是楚国大臣的儿子。由于奸臣费无极构陷，伍子胥的父兄被杀害，伍单身逃到吴国，吹箫行乞于市。一个善于相面的地方官被离看他气宇不凡，荐之于吴王僚之叔伯哥哥公子光（即后来的阖闾），倍受重用。子胥荐专诸刺杀了吴王僚，公子光便做了吴王。后来伯嚭的父亲也被费无极构陷而灭门，伯嚭出奔，投吴见伍子胥。相对而泣，同病相怜，遂相荐引，吴王使为大夫，与伍员同议国事。因荐伍员有功而亦为大夫的被离说："吾观嚭之为人，熊视虎步，其性贪佞，专功而擅杀，不可亲近。若重用之，必为子累。"伍员不以为然。伍员与阖闾交好，阖闾死后，其孙夫差接班，而夫差敬畏伍员而亲近伯嚭，正是这个贪婪的伯嚭断送了吴国。夫差大败勾践时，勾践派文种贿赂伯嚭才得以存国。夫差不听子胥忠言，唯伯嚭是从，而伯嚭又是越国内线。伍子胥后悔荐举了伯嚭，正是这个奸佞小人和西施一起挑拨离间，夫差才赐死了伍子胥。越国经过二十年的准备，一举而攻灭吴国。伯嚭降越，越王杀之，并灭其家，说："吾以报子胥之忠也！"

【智慧】交朋择友必须慎重，要懂得选择和什么样的人接触。古人的智慧告诉我们，道不同不相为谋，交恶友则良朋去，鸟兽不可以同群也。

八、顺其自然

【妙语】射不主皮，为力不同科，古之道也。

——孔子

【故事】有一个圆，被人劈去了一小部分，感到很自卑。它想要找回一个完整的自己，为此它到处去寻找属于自己的那块碎片。因为自己不是完整的，所以，在寻找的时候，它滚得很缓慢。一路上，它与鲜花为伍，同昆虫们交谈，充分地享受到生活的快乐。

它找到很多碎片，却都不是从自己身上掉下来的那块。但它并不气馁，继续寻找着……

终于有一天，他如愿以偿找到了那块碎片，并且使自己重新成为了一个完整的圆。然而，他滚动得太快了，以致错过了花开的季节，忽略了虫子的呢喃，感受不到生活的乐趣。后来它意识到了这一点，毅然丢掉了那块历经千辛万苦才找到的碎片。

【智慧】孔子说："比赛射箭不一定要射穿箭靶子，因为个人的力气大小不一样，这是自古以来的规矩。"孔子意在告诉人们：衡量箭术的标准是能否射中靶心，是十环还是九环，何必去苛求能否射穿靶子呢？射箭如此，为人处世也是如此。凡事不要太过于苛求，顺其自然才好。

是生命终有逝去的时候，片片的枫叶，在她有限的生命里，努力地承接着春的温柔，夏的烂漫，直至飘落化泥而眠，等待轮回。深秋，她用短暂的生命，演绎着最浓的爱，让我们知道，每个季节都有它不同的景致。看着那些火红的枫叶，你会明白了，深秋，并不只是凋零，也是美丽而温润的。

一切的生命，在轮回时，就注定了一个必然的结果，一切，实在不必太执着。出现时，我们为相遇而激动欢喜；发展时，我们为那份婉约的美丽而甜蜜；结束时，我们也应该坦然面对与接受。不必太过忧伤与执着，让一切自然的来，也让它自然的消逝。

人生必有追求，但追求不是苛求，追求更不能苛求。

不必苛求完美，因为完美是一种负累。完美没有级别，也没有标准，只会随着追求者的心境而永远无法企及。"知足者长乐"是一种洒脱。

九、宽容的美德

【妙语】生活中有许多这样的场合：你打算用怨恨去实现的目标，完全可能由宽恕去实现

——西德尼·史密斯

【故事】蒸汽机之于世界的作用是划时代的。有了它，大规模的机器便获得了强大的动力。正是由于蒸汽机的出现，才导致了大工业时代的开始。

"1789 年"，瓦特专利说明书上的这个时间是人们公认的蒸汽时代的元年。然而，这个时间本应该被提前。如果当时能有一位稍许宽容的绅士出现，人类就有可能在 1689 年便拥有初步实用化的蒸汽机技术。因为在这一年，法国人巴本发明了可以演示的蒸汽机。这位谨慎而又贫困的先生虔诚地向英国皇家学会申请区区 10 英镑（4.3 千克）的研究经费，用于改进和完善自己的发明。然而，刻薄的皇家学会认为为一个天真的想法提供资金，简直是对经费的随意挥霍，于是提出了一个探索者无法接受的条件：实验必须保证成功。正是由于宽容精神的缺失，交流和沟通的机会失去了，失误甚至错误中蕴含着的潜在价值遭到漠视，成功的机会便被无情地剥夺了。

【智慧】我们的确应该在宽容这个问题上多一些反思。宽容的美德有利于人们的交流和沟通，也有利于价值的体现。少了宽容，人与人的沟通就会出现障碍。而当沟通出现障碍时，人与人

之间的和谐就会被打破，做事情也不会像从前那样顺利。所以说，宽容是人际交往中不可或缺的一部分，是构成和谐社会的重要部分。

十、宰相肚里能撑船

【妙语】世界上没有两片完全相同的树叶。

——莱布尼茨

【故事】三国时期的蜀国，在诸葛亮去世后任用蒋琬主持朝政。他的属下有个叫杨戏的，性格孤僻，讷于言语。蒋琬与他说话，他也是只应不答。有人看不惯，在蒋琬面前嘀咕说："杨戏这人对您如此怠慢，太不像话了！"蒋琬坦然一笑，说："人嘛，都有各自的脾气秉性。让杨戏当面说赞扬我的话，那可不是他的本性；让他当着众人的面说我的不是，他会觉得我下不来台。所以，他只好不做声了。其实，这正是他为人的可贵之处。"后来，有人赞蒋琬"宰相肚里能撑船"。

【智慧】世界上没有两片完全相同的树叶，也没有完全相同的两个人。所以，你要对自己严格，因为你是独一无二的；同时你要对别人宽容，因为别人和你一样是与他人有差别的，尽管有时候这种差别微乎其微。

十一、价值取向

【妙语】朱泙漫学屠龙于支离益，殚千金之家，三年技成而无所用其巧。

——列子

【故事1】有个叫朱泙漫的人，不惜倾家荡产跟着支离益学习杀龙的技术，刻苦学习了很久，三年后，终于学成了杀龙的绝技。而当他学成出师，却猛然间发现，这世上根本无龙可杀。

【智慧1】这个寓言向我们说出了一个重要的人生问题，即价值取向问题。所谓价值，即客体对主体的意义。一件物品的价值就在于其可用性，能满足人们某方面需要。但由于价值主体不同，同一件物品的价值也随之不同，这就是价值取向。人生目标的选择便是价值取向问题。也就是说，我们要把自己有限的时间花费在有用的事情上，要用在可以为自己的未来发展开拓道路的事情上，而并非一些没有意义的，对自己发展不利反而浪费光阴的事情之上。只有这样，才是明智之举。

【故事2】

《庄子·逍遥游》中还有一个类似寓意的故事："宋人资章甫而适诸越，越人断发文身无所用之。"宋国人采买礼帽到越国去卖，越国人剪光头发，身刺花纹，根本用不着礼帽。

【智慧2】这故事中的宋人，也在价值取向上犯了错误，也就是选错了价值主体。在不用礼帽的越国人看来，礼帽一文不值，送给他们他们也不愿接受。

价值取向，说得通俗点，就是卖货卖给识货人。俗话说的"情人眼里出西施"就是选对了价值取向，"对牛弹琴"便是价值取向完全错了，卖礼帽的宋国人便这样。古语所谓："学成文武艺，货于帝王家。""良禽择木而栖，良臣择主而事。""士为知己者用，女为悦己者容。""世有伯乐，然后有千里马"都是这个意思。货卖识主，如果卖给不识货的，即价值取向不对，便是明珠投暗了。不识货的人拿着珍珠当石子，拿着凤凰当野鸡。

十二、宽容地看待他人

【妙语】好脾气是人生的一笔财富。

——威·赫兹里特

好脾气宛如晴天，到处流放着光亮。

——辛尼

要求旁人都合我们的脾气，那是很愚蠢的

——歌德

脾气坏的人往往把天气和风向当作一个借口来掩饰他们那又暴躁又阴郁的脾气。

——狄更斯

脾气暴躁是人类较为卑劣的天性之一，人要是发脾气就等于在人类进步的阶梯上倒退了一步

——达尔文

火气甚大，容易引起愤怒底烦忧，是一种恶习而使心灵向着不正当的事情，那是一时的冲动而没有理智的行为

——阿伯拉德

【故事】有一个男孩有着很坏的脾气，于是他的父亲就给了他一袋钉子；并且告诉他，每当他发脾气的时候就钉一根钉子在后院的围篱上。

第一天，这个男孩钉下了三十七根钉子。第二天，他钉了35颗，第三天，三十二颗……慢慢地，他每天钉下的数量减少了。他发现控制自己的脾气要比钉下那些钉子来得容易些。

终于有一天，这个男孩再也不会失去耐性乱发脾气。他告诉他的父亲这件事，父亲告诉他，现在开始每当他能控制自己的脾气的时候，就拔出一根钉子。

一天天地过去了，最后男孩告诉他的父亲，他终于把所有钉子都拔出来了。

父亲握着他的手来到后院说：你做得很好，我的好孩子。但是看看那些围篱上的洞，这些围篱将永远不能恢复成从前。你生气的时候说的话将像这些钉子一样留下疤痕。如果你拿刀子捅别人一刀，不管你说了多少次对不起，那个伤口将永远存在。话语的伤痛就像真实的伤痛一样令人无法承受。

【智慧】人与人之间常常因为一些彼此无法释怀的坚持，而造成永远的伤害。如果我们都能从自己做起，开始宽容地看待他人，相信你一定能收到许多意想不到的结果。帮别人开启一扇窗，也就是让自己看到更完整的天空。

十三、痛苦如盐

【妙语】世界上最宽广的是大海，比大海更宽广的是天空，比天空更宽广的是人的胸怀。

——雨果

【故事】印度有一个师傅对于徒弟不停地抱怨这抱怨那感到非常厌烦，于是有一天早上派徒弟去取一些盐回来。当徒弟很不情愿地把盐取回来后，师傅让徒弟把盐倒进水杯里喝下去，然后问他味道如何。徒弟吐了出来，说："很苦。"师傅笑着让徒弟带着一些盐和自己一起去湖边。他们一路上没有说话。来到湖边后，师傅让徒弟把盐撒进湖水里，然后对徒弟说："现在你喝点湖水。"徒弟喝了口湖水。师傅问："有什么味道？"徒弟回答："很清凉。"师傅问："尝到咸味了吗？"徒弟说："没有。"然后，师傅坐在这个总爱怨天尤人的徒弟身边，握着他的手说："人生的苦痛如同这些盐有一定数量，既不会多也不会少。我们承受痛苦的容积的大小决定痛苦的程度。所以当你感到痛苦的时候，就把你的承受的容积放大些，不是一杯水，而是一个湖。"

【智慧】人生的苦痛如同这些盐有一定数量，既不会多也不会少。我们承受痛苦的容积的大小决定痛苦的程度。所以当你感到痛苦的时候，就把你的承受的容积放大些，不是一杯水，而是一个湖。

十四、首先要尊重别人

【妙语】要尊重自己，首先要尊重别人。

——箴言

自尊自爱，作为一种力求完善的动力，是一切伟大事业的渊源。

——屠格涅夫

【故事】这是发生在美国纽约曼哈顿的故事。一天，一位40多岁的中年女人领着一个小男孩走进美国著名企业"巨象集团"总部大厦楼下的花园，在一张长椅上坐下来。她不停地在跟男孩说着什么，似乎很生气的样子。不远处有一位头发花白的老人正在修剪灌木。忽然，中年女人从随身提包里拉出一团卫生纸，一甩手将它抛到老人刚修剪过的灌木上面。老人诧异地转过头朝中年女人看了一眼，中年女人满不在乎地看着他。老人什么话也没有说，走过去拿起那团卫生纸，把它扔进了一旁装垃圾的筐子里。

过了一会儿，中年女人又拉出一团卫生纸扔了过来。老人再次走过去把那团卫生纸拾起来扔到筐子里，然后回到原处继续工作。可是，老人刚拿起剪刀，第三团卫生纸又落在了他眼前的灌木上…就这样，老人一连捡了那中年女人扔过来的六七团纸，但他始终没有因此露出不满和厌烦的神色。

"你看见了吧！"中年女人指了指修剪灌木的老人对男孩大声

说道："我希望你明白，你如果现在不好好上学，将来就跟他一样没出息，只能做这些卑微低贱的工作！"

老人听见后放下剪刀走过来，和颜悦色地对中年女人说："夫人，这里是集团的私家花园，按规定只有集团员工才能进来。"

"那当然，我是'巨象集团'所属的一家公司的部门经理，就在这座大厦里工作！"中年女人高傲地说道，同时掏出一张证件朝老人晃了晃。

"我能借你的手机用一下吗？"老人沉默了一会儿说。

中年女人极不情愿地把手机递给老人，同时又不失时机地开导儿子："你看这些穷人，这么大年纪了连手机也买不起。你今后一定要努力啊！"

老人打完电话后把手机还给了妇人。很快一名男子匆匆走过来，恭恭敬敬地站在老人面前。老人对来人说："我现在提议免去这位女士在'巨象集团'的职务！""是，我立刻按您的指示去办！"那人连声应道。

老人吩咐完后径直朝小男孩走去，他伸手抚摸了一下男孩的头，意味深长地说："我希望你明白，在这世界上最重要的是要学会尊重每一个人……"说完，老人撇下三人缓缓而去。中年女人被眼前骤然发生的事情惊呆了。她认识那个男子，他是"巨象集团"主管任免各级员工的一个高级职员。"你……你怎么会对这个老园工那么尊敬呢？"她大惑不解地问。

"你说什么？老园工？他是集团总裁詹姆斯先生！"中年女人一下子瘫坐在长椅上……

【**智慧**】你对别人的尊重其实不仅是尊重了别人也同时尊重了自己，因为尊重也会使别人对你肃然起敬。同学之间，同事之间、邻居之间、师生之间、上下级之间要学会互相尊重，就是夫妻之间也应该互相尊重。越是亲近的人，你说话越不能放肆，因为越是亲近的人越容易受到伤害。领导对下属的尊重更加会显示出领导者的水平来，领导，特别是一个单位的主要领导本来就处在高处不胜寒的层面，你对下属说话和蔼可亲，不当众让下属难堪，关心和体谅下属在工作和生活中的难处，会使下属心情舒畅，会使其努力工作，更能赢的下属对领导的尊重。

十五、不要自以为是

【**妙语**】九牛一毫莫自夸，骄傲自满必翻车。历览古今多少事，成由谦逊败由奢。

——陈毅

不满足是向上的车轮

——鲁迅

一个骄傲的人，结果总是在骄傲里毁灭了自己。

——莎士比亚

凡过于把幸运之事归功于自己的聪明和智谋的人多半是结局很不幸的。

——培根

谦虚是不可缺少的品德。

——孟德斯鸠

【故事】卢嘉锡是我国著名化学家，他在20世纪30年代曾兼任福建省立夏中学数学教师。当时，有个学生故意拿了一道登在外国杂志上悬赏解答的数学题目为难卢嘉锡。但他并不介意，只是说："我留着做做看，看能否解答出来。"经过一天多的精密计算，卢嘉锡把题答了出来。他向那位学生详细地介绍了解题的方法和具体过程，那个学生从心底佩服卢嘉锡的博学多才。卢嘉锡诚恳地对那位学生说："我们闽南有句老话，叫做'只有状元学生，没有状元先生'。我现在虽然是你的先生，但还有许多东西自己也不懂，要进一步学习。"

【智慧】有时候不要自以为是，不要看不起别人，以为自己能力怎么样，久而久之一个人的能力是那么的渺小。人生道路漫长，我们会不断的犯错误，虽然错误给了我们宝贵的经验，但有些错误也会让你走上不可挽回的道路。所以我们要向身边的任何一个人学习，尽量避免犯下不可挽回的错误，这样才能更好地成长。低姿态，更是一种人生智慧。

十六、信用是一笔财富

【妙语】生命不可能从谎言中开出灿烂的鲜花

——海涅

惟诚可以破天下之伪，惟实可以破天下之虚

———蔡锷

言不信者，行不果

———墨子

人背信则名不达。

———刘向

虚伪的真诚，比魔鬼更可怕。

———泰戈尔

【故事】安东尼经营服装公司，因为资金紧缺，向一位朋友借了60万美元，承诺一年之后还清。一年过去了，安东尼的公司因资金周转困难，一时还不了借朋友的钱。安东尼利用各种途径筹足了30万，可剩下的30万再怎么也弄不到了。最后安东尼一咬牙，便把自己价值50万的别墅以30万的低价出售，然后和家人搬到了一处小平房。

不久，朋友打电话给安东尼，说周末想到他家聚聚，可平时好客的安东尼竟一口回绝了。朋友很奇怪，周末开车去找他。当朋友辗转找寻，终于找到安东尼的"新家"时，一下子惊呆了。当他得知这一切都是为了还自己钱时，感动不已，诚恳地说，你这么讲信用，以后有事尽管找我。

这件事很快被朋友传开了，安东尼在圈子里以讲信用出了名。

又过了两年，因一次意外事故，安东尼的生意又陷入了危机。就在他实在支撑不下去时，很多朋友都主动向他伸出援手，帮他贷款，给他借钱。在朋友们的帮助下，安东尼很快解决了危机，重新迈入成功商业家的行列。

每当有人问起安东尼的成功经验时，安东尼就会郑重地说："信用使我获得了成功。"

【智慧】以 30 万将自己 50 万的别墅卖掉，住到简陋的房子里，这需要很大的勇气，是什么让他产生这种勇气呢？是诚信，是责任。在生活中，信用是一笔财富，懂得珍惜它的人，就会因此而获得更大的财富。

十七、不要滥用自己的优点

【妙语】伟大的人是绝不会滥用自己的优点的，他们看出自己越过别人的地方，并且意识到这一点，然而绝不会因此就不谦虚。

——卢梭

【故事】一天清晨，一对穿着朴素的老夫妇走进了哈佛大学的校门，直奔校长办公室要求见校长。而校长通过两人的服装断定不会与自己有什么联系，于是决定不见。可是，在秘书告知校长在忙时，夫妻两人表示可以等待。实际上，他们一直等到了太阳落山，连午饭都不曾吃。校长无法，只得与二人会面。

二人在校长办公室中表示，自己不幸因病去世的儿子曾就读于哈佛大学，并非常喜爱这里。于是，二人想为学校建一栋教学楼来纪念儿子。校长不以为然地看了看眼前这对穿着寒酸的老夫妇，觉得他们简直是痴人说梦。但他还是压住心中的不悦，吸了一口气，说道："你们知不知道在哈佛校园建一栋大楼需要花费多少钱？我们学校的每一栋建筑物都超过了750万美元。"这时，那位女士不再说话了，她低下头好像在思考着什么。校长看到她的反应心里不禁自喜：终于可以打发他们离开了。但是，那位女士突然转过头，平静地看着自己的丈夫说："如果花750万美元就能建造一栋大楼，那么我们何不干脆创建一所大学来纪念我们的儿子呢？"丈夫点了点头，看着妻子说道："你说得很对，建一所自己的大学要比捐一栋大楼给别人划算得多。"于是，这对老夫妇离开了校长室。不久之后，他们在加州投资建立了一所大学来纪念逝去的儿子，并将这所大学命名为斯坦福大学。事实上，这对老夫妇就是中央太平洋铁路公司的创始人，他们的儿子小利兰·斯坦福在前往欧洲旅行时，感染伤寒，不幸病逝。

【智慧】从故事中可以看出，很多人总是喜欢以貌取人，他们骄傲自大，因为一点点的成功就将别人的自尊踩在脚下；他们往往眼高于顶，以至于无法理性地看待问题，所以总是错过即将到手的大好机会。故事中的哈佛校长以貌取人就是典型的例子。从这一则故事中可以看出，骄傲自大的人往往会付出很大的代价，而只有懂得适当谦虚的人才能获得更多成功的机会。

十八、每个人都有属于自己的高度

【妙语】其实，每个人都是平等的，都有属于自己的高度。如果你们总是一味地抬高自己的高度，那将永远无法看清自己和别人的真实高度。只有真正明白了这些，你们才可能成为出色的人才。

——杜维明

【故事】乔治马歇尔是美国历史上的一代名将，他曾经在篇二次世界大战中担任美国陆军参谋长，对建立国际反法西斯统一战线做出了重要的贡献。身为美国陆军参谋长的马歇尔将军，他统筹协调军中各路人马、军需物资，细致安排所有工作，为战斗的最后胜利提供了强有力的保障。为表彰马歇尔卓越的功绩，美国众议院和罗斯福总统共同决定授予马歇尔"陆军元帅"的头衔。这是美国历史上的最高荣誉，但是马歇尔拒绝了这项荣誉。许多人对此表示不解，马歇尔幽默地回答："一想到你们以后要称我为'FieldMarshal（陆军元帅）'，我就觉得非常奇怪。"其实，马歇尔拒绝接受元帅头衔的真正原因是因为卧病在床的潘兴上将，如果他接受了这项荣誉，他的军衔将高于潘兴的军衔。

【智慧】人的一生在不断变化着，人的欲望也随之千变万化。然而，在这个物欲横流的年代里，人类的欲望是永远无法满足的。而能够抵挡住形形色色诱惑的人更可谓凤毛麟角。有人认为，一个人最难得的是当他在名扬天下的时候，依然可以保持最初的谦逊之心。

十九、送人玫瑰，手有余香

【妙语】己所不欲，勿施于人。

——孔子

【故事】印度伟人甘地有一次乘火车，一不小心，把自己的一只鞋子掉到了铁轨旁，此时火车已开动，再下去已没有可能。于是甘地急急地把还穿在脚上的另一只鞋子也脱下扔到第一只鞋子旁边，这才回到自己的坐位。同行不解地问甘地为什么这样做，甘地认真地说："如此一来，路过铁轨旁的穷人就能捡到一双鞋子。"

【智慧】孔子说："已所不欲，勿施于人。"换句话说，生活中，我们应多替别人着想，自己不喜欢的就不要强加给别人。饥寒是自己不喜欢的，不要把它强加给别人；耻辱是自己不喜欢的，也不要把它强加给别人。将心比心，推己及人，从自己的利与害想到对别人的利与害，多替别人着想，这是一个人终生应该奉行的原则。

立场不同、所处环境不同的人，很难了解对方的感受；因此对别人的失意、挫折、伤痛，不宜幸灾乐祸，而应有关怀、了解的心情，多替别人着想。

甘地遇事考虑更多的不是自己的处境，而是别人。掉了一只鞋子后，他想到的却是，只有两只鞋子才能成双，也才能被人利用。这对于一般人来说，简直就不可思议。为他人着想，其实并不一定要在他人必经的路边放上金子，有时候一点方便，一些提示，一句真心的话，也会成为别人跃过坎坷的机遇，会成为别人成功的关键所在。

一位哲学家说过：一个人把自己想象成什么，他就会成为什么。同样，一个给予别人方便的人，自己也会得到别人给予的方便。正所谓"送人玫瑰，手有余香"。

二十、为人要谦和

【妙语】为人要谦和，哪怕你是最有能力的一个。

——汤普森

【故事】有一位表演大师上场前，他的弟子告诉他鞋带松了。大师点头致谢，蹲下来仔细系好。等到弟子转身后，又蹲下来将鞋带解松。

有个旁观者看到了这一切，不解地问："大师，您为什么又要将鞋带解松呢？"大师回答道："因为我饰演的是一位劳累的旅者，长途跋涉让他的鞋带松开，可以通过这个细节表现他的劳累憔悴。"

"那您为什么不直接告诉你的弟子呢？"

"他能细心地发现我的鞋带松了，并且热心地告诉我，我一定要保护他这种热情的积极性，及时地给他鼓励。至于为什么要将鞋带解开，将来会有更多的机会教他表演，可以下一次再说啊。"

【智慧】为人要谦和，哪怕你是最有能力的一个。领导者的谦和会让手下忠心，平凡人的谦和可令他人敬佩。

生活中完美到任何时候都不需要听取别人忠告的人并不存在。不懂得听取别人意见的人，是无可救药的蠢人。即使是超世绝伦的智者，也会听取那些善意的忠告。高高在上的君王应该学会取人之所长。有些人总是拒人于千里之外，在他们陷入困境的时候，不会有人给予他们帮助。那些固执的人应该打开友谊之门，只有这样，善意的帮助才会源源不断的涌入。我们需要一个能够给我们以忠告，甚至责备我们的诤友。我们信任他，因此把这一权利赋予他。我们不会把尊重与威信滥施与人，但是在我们的内心深处，我们需要一位能够真心待人的知己作为忠实的镜子，从而纠正自己的错误。我们必须珍惜且重视这面镜子。

二十一、骄傲的陷阱

【妙语】骄傲自满是我们的一座可怕的陷阱；而且，这个陷阱是我们自己亲手挖掘的。

——老舍

【故事】十九世纪的法国名画家贝罗尼，有一次到瑞士去度假，但是每天仍然背着画架到各地去写生。有一天，他在日内瓦湖边正用心画画，旁边来了三位英国女游客，看了他的画，便在一旁比手画脚地批评起来，一个说这儿不好，一个说那儿不对，贝罗尼都一一修改过来，末了还跟她们说了声"谢谢"。第二天，贝罗尼有事到另一个地方去，在车站看到昨天那三位妇女，正交头接耳不知在讨论些什么。过一会儿，那三个英国妇女看到他了，便朝他走过来，问他："先生，我们听说大画家贝罗尼正在这儿度假，所以特地来拜访他。请问你知不知道他现在在什么地方？"

贝罗尼朝她们微微弯腰，回答说："不敢当，我就是贝罗尼。"

三位英国妇女大吃一惊，想起昨天的不礼貌，一个个红着脸跑掉了。

【智慧】才识、学问愈高的人，在态度上反而愈谦卑，希望自己能精益求精，更上一层楼；也正因为如此，他们往往具有容人的风度，和接受批评的雅量。反之，我们对于自己并不在行的事情，就不要随便发表议论，否则听在专家耳里，不是益发显得你的肤浅吗？就像故事中的女人，一定觉得自己很聪明，实际上却是自取其辱了。

二十二、不要自满

【妙语】强中自有强中手，莫向人前满自夸。

——冯梦龙

自满、自高自大和轻信，是人生的三大暗礁。

——巴尔扎克

【故事】一个大国的教授来到新加坡讲学，身边跟着一位个头不高的新加坡学者照顾着他。这位教授为了表现他是大国来的，始终是高傲地挺着胸脯，对这位学者指指点点，高声对他讲话。

这个早晨，教授非常潇洒地洗漱完毕，西装革履，昂首挺胸，大步走出旅馆。学者一路小跑地跟在他的后边，而教授装作没看见一样。走到街上，教授挥手拦下一部计程车，旁若无人地钻进车里。学者跌跌撞撞地跟了上来，也上了车。他喘着粗气对教授说："教授，以后，不要这样吧？你看看路旁边的那些人哦。"

教授往路旁看去：一排在那里等车的人。

教授说："那不是等公交车的吗？"

学者回答道："新加坡没有公交车，只有计程车，他们都是按顺序上车的。"

教授一阵脸红，声音立刻低了下来："哦、哦.... 原来是这样啊。"

学者立刻解释说："没事的，我们这种情况，他们肯定认为是有急事儿，或者有病人。"

教授更加地无地自容了。

此后，这位教授对他的学生多次谈起这件事情，最后总是说上一句："一个人千万不要拿着自己的无知当做性格，无论什么人，无论在什么地方，谦虚一点儿总是错不了的。"

看，这位教授之所以能成为世界闻名的教授，就是因为他谦虚，而且知错能改。

越是有学问的人，越是有成就的人，越是谦虚的人。

【智慧】也许你是一个强者，但是这个复杂的世界上一定也有很多你不懂得东西，也一定还有比你更强的人。所以不要在别人面前骄傲自满，自己夸耀自己，更不要总是高高在上。最野蛮的动物生活在城市里，难以接近是缺乏自知之明的人的恶习之一，他们的头衔改变了他们的性格。用恶毒的言语攻击他人，并不是获得名声的法宝。这种人就像是一群不合群的、蛮横无理的怪物。那些不幸的仆人不得不拿着一根皮鞭走近他们，因为他们就像一头性情急躁的狮子。这种人为了谋求高位曾卑躬屈膝，四处拍马；一旦手握大权，便想洗雪旧耻，因此会让所有人都不愉快。他位高权重，本应成为大家攀附的对象，但由于他的刻薄无礼和易怒的脾气，让别人难以接近。要想用文明的方式来惩罚他，就要对他不理不睬。你如果真有智慧，就用你的智慧去造福于别人吧。

二十三、与人为善

【妙语】君子莫大乎与人为善。

——孟子

【故事】有一位单身女子刚搬了家，她发现隔壁住了一户穷人家：一个寡妇与两个小孩子。

有天晚上，那一带忽然停了电，那位女子只好自己点起了蜡烛。没一会儿，忽然听到有人敲门。原来是隔壁邻居的小孩子，只见他紧张地问："阿姨，请问你家有蜡烛吗？"女子心想："他们家竟穷到连蜡烛都没有吗？千万别借他们，免得被他们依赖了。"

于是，她对孩子吼了一声说："没有！"正当她准备关门时，那穷小孩展开关爱的笑容说："我就知道你家一定没有！"说完，竟从怀里拿出两根蜡烛，说："妈妈和我怕你一个人住又没有蜡烛，所以我带两根来送你。"此刻女子自责、感动得热泪盈眶，将那小孩子紧紧地抱在怀里。

【智慧】孟子说，君子最大的长处就是用高尚、仁义的心去对待别人。

与人为善，当你是领导者时，尤当如此。拥有这样的美名，君子能赢得众人的好感。统治他人有一个最大的好处，就是能比任何人有更多的机会做更多好事。

所谓朋友，就是那些能够给你提供帮助、待你友善的人。有些人打定主意凡事不讨好别人，并不是因为这么做要多费心思，而纯粹是出于别扭、乖戾。他们凡事都和与人和睦相处的金科玉律背道而驰。

二十四、人性本善

【妙语】人之初，性本善。

——《三字经》

【智慧】"人之初，性本善"。善良是人性光辉中最温暖、最美丽、最让人感动的一缕阳光。不一定人人都很成功，不一定人人都能成为英雄豪杰，但一定要善良仁爱。善良是和谐、美好之道，心中充满慈悲、善良，才能感动、温暖人间。没有善良，就不可能有内心的平和，就不可能有世界的祥和与美好。爱是基本的善良情感，遇到乞讨者，我们就施舍他点钱；遇到老弱病残、孕妇，我们就主动让座；遇到迷路的小孩，我们就把他送回家，为他指点方向。

　　一个微笑，一个简单的动作，一句发自内心的问候，这对我们并不难做到，却可能因此帮助别人走出困境。一切人，一切事物都是相连的，在施予他人的时候，你实在是在帮助自己；当伤害另一个生命时，实质是在伤害自己。所谓善良，无非就是拥有一颗大爱心、同情心，不害人，不骗人。有了善良的品性，就有真心爱父母、爱他人、爱自然的基础和可能。

　　一个善良的人，就像一盏明灯，既照亮了周遭的人，也温暖了自己。善良无须灌输和强迫，只会相互感染和传播。所以，做人不一定要顶天立地，轰轰烈烈，但一定要善良真诚。

　　所以，做人得要问问你想不想善良。把知识与善良结合到一起，能够保证你不断的获取成功；把博学之人与邪恶相结合，就会导致妖魔鬼怪的出现。邪恶的念头会破坏完美，如果再有知识的推波助澜，就会产生更大的危害。不论一个人有多么高的才智，如果他心术不正，必然会走向毁灭。博学但缺乏敏锐的判断力，则会造成加倍的危害。

二十五、对别人也好一点

　　【妙语】躬自厚而薄责于人，则远怨矣。

　　　　　　　　　　　　　　　　　　　　　　——孔子

　　【故事】里根总统在一次白宫钢琴演奏会上讲话时，夫人南希不小心连人带椅跌落在台下的地毯上。观众发出惊叫声。但是南希却灵活地爬起来，在二百多名宾客的热烈掌声中回到自己的位置上。

这时，里根插入一句："亲爱的，我告诉过你，只有在我没有获得掌声的时候，你才应该这样表演。"

【智慧】有过失主动承担主要责任是"躬自厚"，对别人多谅解多宽容，是"薄责于人"，这样的话，就不会互相怨恨。总统的一句话，便轻易地使夫人的尴尬成为了人民津津乐道的一段佳话。这就是说话的智慧。同时，要真正做到"薄责于人"，还应注意温言软语，态度平和。

弓箭能够伤害人的身体，恶言恶语则会伤害人的心灵。甜美的糕点能够让人口生香气。

让别人接受你的言语是一门高超的艺术。许多事情是依赖言语而完成的，甜言蜜语能够使你摆脱困境，高贵的谈吐能够产生力量和勇气。因此我们应该在言谈上下功夫。要始终注意你的言语，在你的嘴里塞满蜜糖，把自己要说的话转变为敌人喜欢的糖果。想要取悦于人，就要温柔平和。

二十六、我为人人，人人为我

【妙语】己欲立而立人，己欲达而达人。

——孔子

【故事】托尔斯泰曾写过一个小寓言，那里面说，有一个国王，他每天都在思考三个最最终极的哲学问题：这个世界上，什

么人是最重要的，什么事是最重要的，什么时间做事是最重要
的。然后，就这样的三个终极问题，冥思苦想，举朝大臣没人能
够回答得出来。

有一天他被这三个无人能答的问题困扰万分，便决定去微服
私访。他走到百姓间很偏远的地方，天色渐暗，于是国王投宿到
了一个陌生的老汉家。到了半夜，他忽然被一阵喧闹声吵醒了，
然后就发现有一个浑身是血的人闯了进来！而这位老汉就像收留
他一样也淡淡地问话。那个人说后面有人追赶他，老汉说，那你
就在我这儿避一避吧。于是将人藏了起来。

国王吓得不敢睡，一会儿就看见追兵来了，追兵询问老汉有
没有一个人跑过来，老汉回答说不知道，我家里没有别人。于
是，那些人便继续向远处追去。待人走后，那个人洗净了浑身血
迹的人感恩戴德地走了出去，而老汉关上门继续睡觉。

第二天国王惴惴不安地问他说，你为什么敢收留那个人，你
就不怕惹上杀身之祸？而且你就那么放他走了，怎么不问他是
谁呢？

老汉还是淡淡地跟他说，这个世界上其实最重要的那个人就
是眼下需要你帮助，离你最近的那个人；最重要的事就是马上去
做，马上解决现在需要解决的事；最重要的时间就是当下，一点
不能拖延。闻言，国王恍然大悟。

【智慧】孔子说："自己立足社会也要帮助别人立足社会，自
己办成事，也要帮助别人办成事。"

我为人人，人人为我！当你帮助别人，给朋友一份快乐时，

你就拥有了两份快乐！我们的生活和世界也因此而变得更加绚丽精彩，丰富而充实，人和人之间的沟通也将更加和谐、自然、亲切并充满温情。我们每个人也将从这个互动温馨的美丽世界中受益无穷。

二十七、不要斤斤计较

【妙语】 彼亦一是非，此亦一是非。

——庄子

【故事】 是非等对立观念都是相对而言的，事物本身无所谓是非，无所谓大小。"因其所大而大之，则万物莫不大；因其所小而小之，则万物莫不小。"都是认识主体或价值主体参与其中，在相对相较中才有了是非、大小等矛盾观念。甲相对于乙而言为是，相对于丙而言为非，甲本身无所谓是非，只是人拿它和乙相对则为是，和丙相对则为非，没有比较就没有鉴别判断。学生张三的学业无所谓好坏，只是在与李四比较时显得学业好，而与王五比较时又显得学业不好了。好就是是，不好就是非。一米相对于半米则为长，相对于一米半则为短。它本身无所谓长短，看和谁相对比较，也即看参照物如何。我们平时说某人高某人矮，都是以一般个头（男1.7m，女1.6m）为标准的，也就是参照一般个头而言的，男高于1.7m为高个子，女低于1.6m为矮个子。人坐在飞驰的火车上，相对于两边的树木而言是飞动的，相对于火车而言又是静止的；人坐在地球上，相对于地球而言是静止的，相对于太阳而言则"坐地日行八万里，巡天遥看一千河"。

【智慧】彼有彼的是非，此有此的是非。庄子认为是非都是相对而言的，是非不确定，陷入是非的对待中就烦恼无穷。以道观之则齐是非，混化是非差别，不谴是非，即能超然，何必去分别是非呢？所以郑板桥说："难得糊涂。"世人都希望凡事清清楚楚，事事争辩是非，而大智若愚者"大事清楚，小事糊涂。"糊涂即不别是非，不去斤斤计较谁对谁错，人只有超越是非才能无烦恼。

二十八、多次反省

【妙语】吾日三省吾身。为人谋而不忠乎？与朋友交而不信乎？

——孔子

【故事】东汉时期，有一对好朋友，一个叫阎敞，一个叫第五常。两人来往密切，交情深厚。特别是阎敞，人品端正，诚信无私，深得第五常的敬重。

第五常来到阎敞家中，说他要进京赶考，想让阎敞替他保管一笔钱。阎敞答应了。可是第五常却再也没回来。

多年后，阎敞偶然间找到了五常的孙子，于是将当年五常托付给他的钱分文不少地交还回来。阎敞对朋友的忠诚与守信令人赞叹，而这个故事也成为一段佳话流传至今。

【智慧】曾子说："我每天多次反省自己，为别人办事是不是尽心竭力了呢？同朋友交往是不是做到诚实可信了呢？"

　　友谊是一个人生命中不可或缺的，每个人都应认真对待，为朋友全心付出。只有你真诚对待朋友，才会得到别人的真诚对待，才会交到真正的朋友。

　　现在的社会，竞争非常激烈，朋友之间也难免会有竞争，因为在不同的场合，人们所充当的角色也不相同。有时候在工作的场合，由于所在公司不同，出现竞争是不可避免的，但友谊不能因此而被破坏。

　　友谊需要用真诚来维护，不能因为竞争而失去本该有的友谊。马克思说过："人的生活离不开友谊。"西塞图也曾说："世界上没有比友谊更加美好，更令人愉快的东西了；没有友谊，世界仿佛失去了太阳。"

二十九、有言有信

　　【妙语】人而无信，不知其可也。大车无輗，小车无軏，其何以行之哉

——孔子

　　【故事】晋文公重耳即位之后，有些诸侯小国却不愿臣服于他。原国虽小，可是始封之君是周文王的儿子，怎么甘愿承认从国外逃亡归来的重耳作为他们的霸主呢？于是不断挑衅，制造事端。晋文公为平息动乱，完成霸业，决定讨伐原国。

　　战前，晋文公亲自部署作战方案，到士兵中作战前动员，他

与士兵约定："根据我们的军事力量和原国的战头实力，我们能够速战速决。以七天为期，降服原国。"

七天限期已到，眼见原国已近绝路，晋文公却为遵守诺言，不顾众将的劝阻，下达了撤离的命令一仗晋文公虽然没有用武力征服，可是他言而有信，遵守诺言的名声却传到了周围许多国家。

第二年，晋文公又发兵攻打原国。这一次他与士兵约定并向外发布："我们必须坚持到底，达到彻底征服和得到原国的目的后再返回。"

原国人听到这个约定，知道晋文公不达目的不会罢休，于是战幕尚未拉开就投降了。而另外一个一直不肯臣服的卫国，也归顺了文公。

【智慧】孔子说："一个人不讲信用，是根本不可以的。就好像大车没有輗、小车没有軏一样，它靠什么行走呢？

古往今来，凡是品德高尚的人，都诚实守信。孔子说："人而无信，不知其可也。"意思就是说，做人必须言而有信。只有有了诚信，人才能在社会立足，才能使他人信服，才能得到别人的尊敬。言而有信之人是做人最起码的原则。

言而无信，就没有人相信他的话；言而有信，别人都会相信他。在现代社会，信用成为衡量一个人的基础。只有那些"有言有信"的人才能够得到别人信任，才取得获得成功的基石。相反，那些"言而无信"之徒是怎么也不会得到别人信任的。

三十、体谅别人

【妙语】人非尧舜谁能尽善。

——李白

遇方便时行方便，得饶人处且饶人。

——吴承恩

【故事】我们敬爱的周总理一向被人们称作礼貌待人的楷模。有一次周总理请一位姓朱的理发师给他刮脸，刚刮到一半，周总理忽然咳嗽了一声，朱师傅没提防刮了个小口子。朱师傅心里一阵紧张，忙说："我工作没有做好，真对不起，总理。"周总理微笑着宽慰他说："怎么能怪你呢，全怪我咳嗽没和你打招呼。还幸亏你刀躲得快。"事后周总理还一再向朱师傅道谢，尽力消除朱师傅的顾虑。

有个姑娘要开音乐会，在海报上说自己是李斯特的学生。演出前一天，李斯特出现在姑娘面前。姑娘惊恐万状，抽泣着说冒称是出于生计，并请求宽恕。李斯特要她把演奏的曲子弹给他听，并加以指点。最后爽快地说："大胆地上台演奏吧，你现在已是我的学生。你可以向剧场经理宣布，晚会最后一个节目由老师为学生演奏。"李斯特在音乐会上弹了最后一曲。

【智慧】体谅别人，有一颗宽容的心。因为人无完人，每个人都有自己的缺点。在你看到别人缺点的同时，别人也会看到你的。

三十一、宽容待人

【妙语】虽然我不同意您的观点，但我有义务捍卫您说话的权利。

——泰戈尔

【故事】三峡工程大江截流成功，谁对三峡工程的贡献最大？著名的水利工程学家潘家铮这样回答外国记者的提问："那些反对三峡工程的人对三峡工程的贡献最大。"反对者的存在，可让保持清醒理智的头脑，做事更周全；可激发你接受挑战的勇气，迸发出生命的潜能。这不是简单的宽容，这宽容如砺，磨砺着你意志，磨亮了你生命的锋芒。虽然我不同意你的观点，但我有义务捍卫您说话的权利。

【智慧】这句话很多人都知道，它包含了宽容的民主性内核。良言一句三冬暖，宽容是冬天皑皑雪山上的暖阳；恶语伤人六月寒，如果你有了宽容之心，炎炎酷暑里就把它当作降温的空调吧。宽容是一种美。深邃的天空容忍了雷电风暴一时的肆虐，才有风和日丽；辽阔的大海容纳了惊涛骇浪一时的猖獗，才有浩淼无垠；苍莽的森林忍耐了弱肉强食一时的规律，才有郁郁葱葱。泰山不辞抔土，方能成其高；江河不择细流，方能成其大。宽容是壁立千仞的泰山，是容纳百川的江河湖海。

三十二、薄言若剑，伤己伤人

【妙语】一只脚踩扁了紫罗兰，它却把香味留在那脚跟上。这就是宽恕。

——安德鲁·马修斯

【故事】刘秀大败王郎，攻入邯郸。检点前朝公文时，发现大量奉承王郎，侮骂刘秀甚至谋划诛杀刘秀的信件。可刘秀对此视而不见，不顾众臣反对，全部付之一炬。他不计前嫌，可化敌为友，壮大自己的力量，终成帝业。这把火，烧毁了嫌隙，也铸炼坚固的事业之基。

鲍叔牙多分给管仲黄金，他不计较管仲的自私，也能理解管仲的贪生怕死，还向齐桓公推荐管仲做自己的上司。

【智慧】与众人交往，憎恶对方，狠不得食肉寝皮敲骨吸髓，结果只能使自己焦头烂额，心力尽瘁。狼再怎么扮演"慈祥的外婆"，发"从此吃素"的毒誓，也难改吃羊的本性。但如果捕杀净尽，羊群反而容易产生瘟疫；两虎共斗，其势不俱生。但一旦英雄寂寞，不用关进栅栏，凶猛的老虎也会退化成病猫。把对手看做朋友，这是更高境界的宽容。

要宽容别人的龃龉、排挤甚至诬陷。因为你知道，正是你的力量让对手恐慌。你更要知道，石缝里长出的草最能经受风雨。风凉话，正可以给你发热的头脑"冷敷"；给你穿的小鞋，或许能让你在舞台上跳出漫妙的"芭蕾舞"；给你的打击，仿佛运动员手上的杠铃，只会增加你的爆发力。睚眦必报，只能说明你无法虚怀若谷；言语刻薄，是一把双刃剑，最终也会割伤自己。

三十三、改变自己

【妙语】改变别人最好的方法是先改变自己。

【故事】2003 年 7 月 29 日，40 岁的意大利洞穴专家毛里奇·蒙塔尔只身到意大利中部内洛山的一个地下溶洞里，开始长达 1 年的命名为"先锋地下实验室"的活动。

"先锋地下实验室"设在溶洞内的一个 68 平方米的帐篷内，里面除配备有科学试验用的仪器设备外，还设有起居室、卫生间、工作间和一个小小的植物园。在 2000 多米深的溶洞里，周围死一般的寂静。

度过了 1 年多暗无天日的地下生活后，蒙塔尔于 2004 年 8 月 1 日重见天日。这时，他的体重下降了 21 公斤，脸色苍白而瘦削，人也显得憔悴，免疫系统功能降到最低点；如果两人同时向他提问，他的大脑就会乱；他变得情绪低落，不善与人交谈。虽然他渴望与人相处，希望热闹，但他的确已丧失了交际能力。

蒙塔尔说，在洞穴里度过了一年，才知道人只有与人在一起的时候，才能享受到作为一个人的全部快乐。"过去，我是一个喜欢安静的人，常常倾向于独处。现在，让我在安静与热闹之间选择，那我宁可选择热闹，而不要孤寂。"这场实验使我明白了一个人生的奥秘：生活的美好在于与人相处。

【智慧】人生的美好就像风中的花粉，在相互传播着的同时，带给了别人一缕愉悦，你自己也暗香盈袖。尘世中的我们不要埋怨生活的纷扰，善待自己，善待别人，应当珍惜生活的快乐。

三十四、心胸坦荡

【妙语】君子坦荡荡，小人长戚戚。

——孔子

【智慧】孔子说："君子心胸宽广，小人经常忧愁。"

宽容能让人联想起广阔的天空、美丽的大海和雄伟的高山。

我们每个人都应该学会宽容，宽容才能够真正理解对方的想法，而不至于一时冲动，造成对彼此的伤害。我们乃是凡夫俗子，不可能纤尘不染。把自己设身处地放在对方的处境下，问一下自己，要是我是他，遇到了同样的问题，我会怎样想，怎样做？学会了理解他人，自然就学会了宽容，促进了沟通。学会宽容，应该心胸宽阔，心无芥蒂，不小肚鸡肠，不斤斤计较琐事，不耿耿于怀于片言。遇事要理智、冷静、稳重，要三思而后言，三思而后行。在采取某种重大行动之前，必须反复告诫自己：千万别感情用事！感情用事，常常是不会有好结果的。同时，人贵有自知之明。须知太阳不是为我而升起的，地球不是为我而转动的，哪个人都不是必不可少的，都不是时时处处正确的。须知合理的、适当的、理智的让步，必将有助于矛盾的消除和事情的解决。俗话说：退一步，海阔天空。

三十五、宽容之心

【妙语】海纳百川，有容乃大。

——林则徐

【故事】春秋五霸之首的齐桓公曾与管仲结下"一箭之仇"，然而他能捐弃前嫌，拜管仲为相，称管仲为仲父，终于靠管仲的得力辅佐称霸于天下。唐太宗登基之后，不咎既往，重用了曾与他唇枪舌剑的魏征，把魏征当作自己的一面镜子。他的坦荡胸襟、广开言路，终于形成了历史上赫赫有名的"贞观之治"。古代君王尚能如此，我们无产阶级老一辈革命家的胸怀开阔就更不待言了。

抗战时期，陈毅同志曾被自己的同志误作特务捆绑了四天四夜。陈毅以自己无产阶级的广阔胸怀、风度、雅量，忍受了种种屈辱，阐明了革命大义，动之以情，晓之以理，团结了广大同志，推进了革命进程。

有博大胸怀的人能接受他人的意见，有利于事业，也能弥补自己的不足，使自己的学识更上一层楼。毛泽东同志的《关于诗的一封信》在《诗刊》发表之后，北京大学有位学生给毛泽东同志写信说，信上那句"遗误青年"的"遗"字，应该作"贻"字。毛泽东同志看到来信非常高兴，特地向《诗刊》编辑部负责同志打招呼，请他照北大这个学生的意见改。一个建立过丰功伟绩的人民领袖，能不以地位高、功绩大、资格老而自傲，虚心接受一个普普通通学生的意见，这不是一则十分令人感动的文坛佳话吗？

【智慧】灵魂有其美丽的装饰，就是那些能够使个性增添一种优美气质的洒脱和豪放。由于这种气质要求人们具备宽广的胸襟，因此并不多见。拥有了这种气质，即使面对的是敌人，你也会对其进行赞美，并用一颗宽容的心去面对他。当复仇的机会来临时，这类人会使这种气质变得更加光彩夺目，他不仅放弃了复仇，而且还会加以利用，将复仇行为转换为慷慨的行为。这就是驭人之道的奥妙所在。他不以胜者自居，从来不矫揉造作，即使是凭借真本事得来的胜利，也不会大肆炫耀。

三十六、要正视自己的过失

【妙语】自己萎弱，恶人健全；自己恶动，忌人活泼；自己饮水，嫉人喝茶；自己呻吟，恨人笑声，总是心地欠宽大所致。

——林语堂

【故事】有那么一只猫，它总把自己吹嘘得了不起，对于自己的过失，却百般掩饰。

它捕捉老鼠，不小心，被老鼠逃掉了。它说："我看它太瘦，只好放走它，等以后养肥了再说。"

它到河边捉鱼，被鲤鱼的尾巴劈脸打了一下，它装出笑容："我不是想捉它——捉它还不容易？我就是要利用它的尾巴来洗洗脸。刚才到阁楼上去玩，把我的脸搞得多脏啊！"

一次，它掉进泥坑里，浑身糊满了污泥。看到同伴们惊异的眼光，它解释道："身上跳蚤多，用这办法治它们，最灵验不过！"

后来，它掉进河里。同伴们打算救它，它说："你们以为我遇到危险了吗？不，我在游泳……"话没说完，沉没了。

"走吧！"同伴们说，"现在，它大概又在表演潜水了。"

【智慧】如果总是关注别人的恶名，说明你已经名声扫地。为了开脱自己的，就用他人的过失来掩盖自己的过失，或者为了减轻自己的罪责就嘲笑他人的过失，这是蠢人自我安慰时经常使用的方法。这种人气息污浊，构成了整个城市谣言的臭水沟。这种臭水沟你越是深挖，越会弄得自己满身脏臭。每个人都会有缺陷，除非你无人知晓，别人才不会发现你的缺陷。智者从来不会乐此不疲的谈论他人过失，他们害怕自己变成污点记事簿。

三十七、人非圣贤，孰能无过

【妙语】用谅解、宽恕的目光和心理看人、待人，人就会觉得葱笼的世界里，春意盎然，到处充满温暖。

——蔡文甫

【故事】古代有一位老禅师，一天晚上在禅院里散步，发现墙角有一张椅子。禅师心想：这一定是有人不顾寺规，越墙出去游玩了。老禅师搬开椅子，蹲在原处观察，没多久，果然有一位小和尚翻墙而入，黑暗中踩着老禅师的背脊跳进了院子。当他双脚落地的时候，才发觉刚才踏的不是椅子，而是自己的老师，小和尚顿时惊慌失措。但出乎意料的是老禅师并没有厉声责备他只是以平静的语调说：夜深天凉，快去多穿件衣服。小和尚感激涕零，回去后告诉其他师兄弟。尔后，再也没有人夜里越墙出去闲逛了。

【智慧】生活中缺少不了与人接触，而来往之间难免摩擦。人非圣贤，孰能无过呢？有时候，宽容了别人，不但能获得对方的感激，也是为自己找到解脱。

三十八、性格决定行事方式

【妙语】严以律己，宽以待人。

——俗语

【故事】春秋时齐国丧君，大臣们紧张地开始策划拥立新君。齐国正卿自幼与公子小白非常要好，便暗中派人去莒国召小白回国即位。同时，也有人要接年长一些的公子纠回国为君，而鲁国也正准备护送公子纠回齐，并派管仲带兵在途中拦截回国的小白。双方相遇，小白被管仲一箭射中身上铜制的衣带钩，险些丧命。为了迷惑对方，小白佯装中箭而死，乘一辆轻便小车，昼夜兼程向齐都驶去。公子纠及鲁军以为小白已死，稳操胜券，便放慢了回齐的速度，六天后才赶到。这时小白早已被拥立为齐君，并发兵乾时（今山引缶淄西），大败鲁军。小白登上了齐国国君的宝座，他就是历史上赫赫有名的齐桓公。

齐桓公做了国君，心记一箭之仇，常想杀死管仲。当发兵攻鲁之时，鲍叔牙对桓公说："您要想管理好齐国有高候和我就够了；您如想称霸，则非有管仲不可！"桓公胸怀大度，捐弃前嫌，当即接受了鲍叔牙的意见，并派他亲自前往迎接管仲，厚礼相待，委以重任。得到管仲之后，桓公如鱼得水，如虎添翼，找到了帮他振兴齐国的人。管仲在桓公的大力支持下，大刀阔斧地进行了改革，使齐国逐渐强盛起来。

【智慧】志存高远，伟大的人物绝对不会流于琐屑的小事，和人交谈时也不会穷索细节，尤其是当话题令人不快时更是如此。做事情固然应该谨慎留心，但又要表现出轻描淡写、漫不经意的姿态。

把谈天说地变成寻根究底的审问，当然不是什么好事。要表现出彬彬有礼、高贵雅致的样子，那是一种风度。这一要诀在于善于装出淡泊明志、事不关己的样子。对于亲近的朋友之间、熟人之间，特别是敌人之间发生的事，要学会有所不见。过于谨慎容易令人产生不快，如果这些已经成为性格的一部分，那么他人将不胜其烦。对不愉快的事情始终耿耿于怀，是一种偏执狂。请记住，性格决定行事方式。心胸如此，能力如此，行事也就会如此。

三十九、与人相处保持恰当的距离

【妙语】与朋友交，敬而远之。

——古语

【故事】葛菲与顾俊，是人们耳熟能详的杰出羽毛球运动员。她们的"女双配对"，所向无敌。自1996年3月至1999年间，她们在国际比赛中从未输过一场，连胜的场数达到100场左右。

虽然说每个人的特长和球风都不一样，但葛菲与顾俊两人实在是太全面太优秀了，特别是她们那种默契的配合令人叹为观止，可以说葛菲和顾俊开创的时代令后人难以逾越。

可有谁想到，这号称"东方不败"的拍档，虽然场上共同训练了十几年，但在场外却私交甚少。

原来，不论在国内，还是在国外，葛菲与顾俊从不住在一起。这是教练特地为她们安排的，生怕她们相处过密，发生矛盾，并把这种矛盾带到球场上。

葛菲回忆说："两人在一起的这么多年里，私下只一起吃过一次饭。那次吃饭也还是因为在悉尼奥运会前，当时两人的成绩都不是很好。"由于我们平日缺乏交流，教练就把我们约了出来，一起谈谈。"

一方面，葛菲和顾俊在生活中几乎没有交往；另一方面，两人在比赛场上却是战无不胜，是公认的超级黄金组合。这两方面，看似不可理解，实则是一因一果。

【智慧】正是因为生活中很少来往，没有了"两个女孩在一起难免发生的矛盾"，所以不会影响到比赛，使得两人珠连璧合，锐不可当。生活中"冷"，赛场上"热"，冷热相伴，此消彼长。这就是她们成功的秘诀。

人与人之间，如果还没有达到亲密无间的程度，便是一条射线，前面的路地久天长；一旦亲密无间了，就成了一条线段，交情就要进入倒计时了。

英国政治家、作家本杰明·迪斯雷利曾经说过一句很著名的话："没有永恒的敌人，也没有永恒的朋友，只有永恒的利益。"朋友之所以不能永久，是因为我们往往情不自禁地把好事做尽，没有给友谊留下必需的空间。

两个人犹如两条铁轨，相互平行才能走远。心扉完全敞开，容易伤风着凉。将内心的隐秘昭示于恶人，会成为他手上的把柄；昭示于善人，会成为对方精神上的负担，因为他需要为你恪尽守口如瓶的责任。

俗话说，人就像冬天里相互取暖的刺猬，太近了刺到对方，太远了又觉得孤独和寒冷。所以，与人相处保持恰当的距离是必须的，也是应该的。

四十、让别人欠你的人情债

【妙语】让别人欠你的人情债。

——现实智慧

【智慧】有些人善于把受惠转化为施惠，当他真正接受恩惠时候，让自己看起来是在施恩。有些人非常精明，明明是自己有求于人，却好像是在给别人面子，让别人产生荣誉感。他们用非常巧妙的手法处做事，别人送给他们礼物，却好像是别人在偿还债务。他们聪明绝顶，把施恩于受惠的关系完全颠倒过来，或者至少让人迷惑不解，分不清谁对谁有恩。他们用廉价的赞美换取最好的东西。通过表达对某件东西的喜爱，就能让你不胜荣幸。他们用谦卑来施恩，将本应他们感谢之事变成你对他们的感恩戴德。他们在"感谢"这个词上偷换概念，把主动语态变成被动语态，这说明他们虽然不是语法家，却也是政治家。这种手段的确妙不可言，但是更高明的手段是：当场识破它，阻止他反客为主，让他们真正付出而你真正受益，那就证明你才是更精明的人。

第三章 成功的法则（上）

一、心志要专一

【妙语】多数人的失败不是因为他们的无能，而是他的心志不专一。

——吉鲁德

【故事】有一个外科医生告诉学生："当个外科医生，需要二项重要的能力：第一、不会反胃，第二、观察力要强。"

接着，他伸出一只手指，沾入一碟看来令人作呕的液体中，然后张口舔舔手指。

他要全班学生照着做，他们只好硬起头皮照做一遍。

医生见状，颔首一笑说："各位，恭喜你们通过了第一关测验。不幸的是，第二关你们都没通过，因为你们没注意到我舔的手指头，不是我探入碟中的那根手指。"

【智慧】你有没有仔细而认真的观察，现在从事的工作是否有不佳之处？

及时调整，永远不晚。一个认真的人也必是一个智慧的人。

　　芸芸众生，孰不爱生？爱生之极，进而爱群。

　　也就是说，天下这么多的人，谁不爱惜自己的生命生活啊？当自己珍爱自己的生命生活到了一定的程度的时候，他就会得到升华进而热爱每一个人。

二、变革创新

　　【妙语】 不断变革创新，就会充满青春活力；否则，就可能会变得僵化。

——歌德

　　要么创新，要么死亡。

——托马斯·彼得斯

　　【故事】 多年前，有一家酒店的电梯不够用，打算增加一部。于是酒店请来了建筑师和工程师研究如何增设新的电梯。专家们一致认为，最好的办法是每层楼打个大洞，直接安装新电梯。方案定下来之后，两位专家坐在酒店前厅面谈工程计划。他们的谈话被一位正在扫地的清洁工听到了。

　　清洁工对他们说："每层楼都打个大洞，肯定会尘土飞扬，弄得乱七八糟。"工程师瞥了清洁工一眼说："那是难免的。"清洁工又说："我看，动工时最好把酒店关闭些日子。"工程师说："那可不行，关闭一段时间，别人还以为酒店倒闭了呢。再说，那也影响收益呀。""我要是你们，"清洁工不经意地说，"我就会把电梯装在楼的外面。"工程师和建筑师听了这话，相视片刻，不约而同地为清洁工的这一想法叫绝。于是，便有了近代建筑史上的伟大变革———把电梯装在楼外。

【智慧】人们经常把创新想象得太高深、太神秘、太复杂，并因此阻碍了他们的创新。其实创新甚至是伟大的创新往往却是最简单的。

从古至今，中华民族不乏创新的自觉意识。

《论语·宪问》中说："裨谌草创之"；《孟子·梁惠王下》中说："君子创业垂统，为可继也"；《汉书·叙传下》中说："礼仪是创"。中国传统文化中这些精辟论述，蕴涵着中华民族先贤重视创新的思想，反映出我们民族创新意识的久远渊源和绵延不绝的传统。

三、必经苦难，方成大气

【妙语】水之积也不厚，则其负大舟也无力；风之积也不厚，则其负大翼也无力。

——庄子

【智慧】"且夫水之积也不厚，则其负大舟也无力。覆杯水于坳堂之上，则芥为之舟，置杯焉则胶，水浅而舟大也。风之积也不厚，则其负大翼也无力。故九万里，则风斯在下矣，而后乃今培风；背负青天而莫之夭阏者，而后乃今将图南。"意思是说，水积存的不深厚，那么它负载大船就没有劲头。倒一杯水在屋内凹地上，小草就是船了，放上杯子就着地了，因为水浅而船大。

风的蓄积不强大，那么它鼓动大翅膀就没劲头。大鹏高飞九万里，是由于大风在下面，然后才乘着风力，背负青天，翱翔云霄，碰不到任何阻碍，才将飞往南海。美国总统富兰克林曾说过："空口袋难以自立。"可以作为这段话的主题，勉励人们，特别是青少年们，要努力学习打基础，不断用知识武装充实自己，为将来踏上社会大干事业做好坚固的铺垫，一个人早年的艰苦努力和中晚年的辉煌成就完全是正比关系。老子也说过类似的话："合抱之木，生于毫末；九层之台，起于累土；千里之行，始于足下。""贵以贱为本，高以下为基。""大器晚成"，都是勉励人们培本固根打好基础，基础坚牢，资本雄厚，学识渊博，德才兼备，终生立于不败之地。

【智慧】人就如一棵树，根深土厚，则茁壮茂盛，必成参天大树栋梁材；根浅细土贫薄，则生长无力，恹恹欲睡，到老也是又细又矮的小材料。因此要想成为撑柱国家的栋梁，必须进行艰苦持久的"培土固根"，大器之所以成为大器，很大一部分是由于晚成，因其晚而准备充足。大文豪鲁迅先生三十七岁才发表作品，冲飞惊鸣，从此一发而不可收，终成一代文坛领袖；乡土作家刘绍棠十七岁发表作品，过早成名，过早恋爱，心浮气躁，最终也没有几部像样的大作。多产并不意味着质量高，很多人著书等身，却都是泛泛之作，没渗入几个创造细胞，不久就默然无闻了。

四、重视实践

【妙语】 不闻不若闻之，闻之不若见之，见之不若知之，知之不若行之，学至于行之而止矣。

——荀子

【故事】 齐桓公在宫殿里读书，轮扁在宫殿前制作车轮，忽然他放下椎凿，走到殿上来，问齐桓公："请问，您读的书是谁的言论？"齐桓公说："这是圣人的言论。"轮扁又说："圣人还在吗？"桓公说："已经死了。"轮扁说："那么您所读的，是古人的糟粕而已！"桓公说："寡人读书，你做车轮的怎么能胡说一通！说出道理还可以，说不出来就要你的脑袋。"轮扁道："这是用我从事的职务类比观察而得出的结论。做车轮，慢慢地砍，做成的车轮松滑而不牢固；急速地砍，就涩滞而安不进去；不慢不快，得心应手，虽然说不明白，但制车的奥妙存在于操作之中。我不能把手艺告诉给儿子，我儿子也不能继承什么，所以我七十岁还在斫轮。古代的人和他们不能传授的道理，都已经消失了，那么您所读的，就是古人的糟粕而已！"

【智慧】 故事告诉我们，书上写的只是些一般的基本的理论，技进乎道的高超境界不可言传，只有在长期的实践中才能达到那种心手两畅、高度默契的境界，而这种最高境界是只能意会的，父子之间也不能传授。读书只是一方面，更重要的另一方面是实践，实践出真知

五、懂得适可而止

【妙语】吾生也有涯，而知也无涯。以有涯随无涯，殆矣。

——庄子

【故事】古代一个小国，一个人在野外救了一条大蛇，这条蛇是修炼成道的，为了报答救命之恩，便挖出自己左眼送给救他的那个人，并告诉那人去献给国王，还要他有困难时再到某山洞找它。这个人把蛇眼"月明珠"献给国王，国王高兴极了，让他做了左丞相，并要他再去要右眼，献上右眼就升他为右丞相。利欲熏心的他果真去那个山洞要大蛇的右眼，蛇又忍疼割爱，挖出了自己的右眼给他。他献给国王，国王封他右丞相，是这个国家的二把手了。如果他到此为止，满可以安享荣华富贵，无奈官迷心窍，还不知足，觊觎王位，想谋害国王。他又去找大蛇要它的毒舌以药死国王夺王位，大蛇一听，满腔怒火，一口把他吞食了。

【智慧】庄子的话是说学问之多不是我们一辈子可以学完的，所以要量力而行。同样的，这世间有很多是我们在有限的条件下所难以掌控的。面对能知足而退就不会招致耻辱，懂得适可而止，可以避免遭受凶险，如此可以长久。大千世界的自然规律是物极必反，富贵到了顶峰，接着就走下坡路了，甚至是倾覆了。因此他说："功成身退天之道"。人只要知足知止，不至于越度而走向反面，保证可以长久下去。如果贪婪永无餍足，私欲恶性膨胀，多行不义必自毙，贪心不足蛇吞象，即使位极人臣，最终也会死无葬身之地。

六、不停探寻

【妙语】 路漫漫其修远兮，吾将上下而求索。

——屈原

【故事】 在成功学家拿破仑·希尔的《成功法则全书》上，可以读到一个人的简历，那一串串的数字，令人震惊，也令人感动：22岁，生意失败；23岁，竞选州议员失败；24岁，生意再次失败；25岁，当选州议员；26岁，情人去世；27岁，精神崩溃；28岁，争取成为州议员的发言人失败；34岁，竞选国会议员失败；37岁，当选国会议员；39岁，国会议员连任失败；46岁，竞选参议员失败；47岁，竞选副总统失败；49岁，竞选参议员再次失败；51岁，当选美国总统。这个人就是林肯，是公认的美国历史上最伟大的总统。

【智慧】 "路漫漫其修远兮。吾将上下而求索。"这句话出自春秋时楚国三闾大夫屈原的名作《离骚》。意思是说：前面路途虽然漫长，但是我通过不懈努力和追求，坚信终有一天一定能成功。古人的成功之路似乎都有着这样的过程：在成功这个终极目标前，横亘着的是一条漫漫而修远的道路。就像唐三藏师徒经过长途跋涉方能求得真经所蕴涵的哲理一样，成功永远只属于那些锲而不舍、矢志不渝、永不言弃、坚持到底、不达目的决不罢休的人们。人生之路漫长又坎坷，人生之旅中充满了成功与失败，布满了玫瑰和荆棘。在艰难的跋涉中，我们选择了成功，同时也就选择了失败。成功与失败，只是人生道路上的两个岔口而已，其关键就在于我们的选择。"路漫漫其修远兮，吾将上下而求索。"两千多年来一直激励着人们，这是屈原的至理名言，它属于屈原，也属于我们，因为它也是我们年轻一代人生所追求的目标。

七、目标明确

【妙语】设定明确的目标，是所有成就的出发点。

——拿破仑·希尔

【故事】在西撒哈拉沙漠中有一个小村庄比赛尔，它在没有被发现之前，还是一块贫瘠之地，那里的人没有一个走出过大漠。据说不是他们不愿离开那儿，而是他们尝试过很多次都没能走出去。当一个现代的西方人到了那儿，听说了这件事后，他决心做一次试验。他从比赛尔村向北走，结果三天半就走出来了。

经过此事，他终于明白比赛尔人之所以走不出大漠，是因为他们根本就不认识北斗星。因此，他告诉当地的一位青年，要想走出大漠。只要白天休息，夜晚朝着北面那颗星走，就能走出大漠。那个青年照着他的话去做，三天后果然来到了大漠边缘。青年人也因此成了比赛尔的开拓者，他的铜像被竖在了小城中央，铜像的底座上刻着一行字：新生活从选定目标开始。

【智慧】在任何一个领域中，取得比较大的成功的人，他们的行为几乎都是指向于自己设定的目标。有了目标，内心的力量才会找到方向，而茫无目标的飘荡终归会迷路。

世界公认的成功定义是：成功就是逐步实现一个有意义的既定目标。

目标是成功的灵魂精粹所在，目标的达成几乎可以与成功划上等号。成功学大师拿破仑·希尔曾说："设定明确的目标，是所有成就的出发点"。世界上只有3%的人能设定他们的人生目标，这也就是成功者总是极少数的根本原因。大多数人之所以失败，其原因也在于他们都没有设定明确的目标，并且也从来没有迈出他们的第一步。

据一项研究结果表明，有百分之五的美国人将个人目标写在纸上及告知他人，而其余百分之九十五则没有设定目标。究其原因，一方面是心态，一方面是方法，即可能是设定目标后害怕目标到头来落空，被别人耻笑，换来挫败感。还有的人则不知道目标的重要性，或者不知道设定目标的方法。其实设定一个目标时，最重要的并非如何实现目标，而是为何要设定目标。

八、成功其实并不难

【妙语】成功并不像你想像的那么难。

——爱因斯坦

【故事】1965 年，一位韩国学生到剑桥大学主修心理学。在喝下午茶的时候，他常到学校的咖啡厅或茶座听一些成功人士聊天。这些成功人士包括诺贝尔奖获得者，某一些领域的学术权威和一些创造了经济神话的人。这些人幽默风趣，举重若轻，把自己的成功都看得非常自然和顺理成章。时间长了，他发现，在国内时，他被一些成功人士欺骗了。那些人为了让正在创业的人知难而退，普遍把自己的创业艰辛夸大了，也就是说，他们在用自己的成功经历吓唬那些还没有取得成功的人。

作为心理系的学生，他认为很有必要对韩国成功人士的心态加以研究。1970 年，他把《成功并不像你想像的那么难》作为毕业论文，提交给现代经济心理学的创始人威尔布雷登教授。布雷登教授读后，大为惊喜，他认为这是个新发现——这种现象虽然在东方甚至在世界各地普遍存在，但此前还没有一个人大胆地提出来并加以研究。惊喜之余，他写信给他的剑桥校友（当时正坐在韩国政坛第一把交椅上的人）朴正熙。他在信中说，"我不敢说这部著作对你有多大的帮助，但我敢肯定它比你的任何一个政令都能产生震动。"

后来这本书果然伴随着韩国的经济起飞了。这本书鼓舞了许多人，因为他们从一个新的角度告诉人们，成功与"劳其筋骨，饿其体肤"、"三更灯火五更鸡"、"头悬梁，锥刺股"没有必然的联系。只要你对某一事业感兴趣，长久地坚持下去就会成功，因为上帝赋予你的时间和智慧够你圆满做完一件事情。后来，这位青年也获得了成功，他成了韩国泛业汽车公司的总裁。

【智慧】并不是因为事情难我们不敢做，而是因为我们不敢做事情才难的。人世中的许多事，只要想做，都能做到，该克服的困难，也都能克服。只要一个人还在朴实而饶有兴趣地生活着，他终究会发现，造物主对世事的安排，都是水到渠成的。

九、为失败做准备

【妙语】 凡事预则立，不预则废。

——《礼记·中庸》

【故事】 美伊战争中，伊拉克总统萨达姆扬言，他已摆好城市游击巷战的阵势恭迎美国大兵。在摩加迪吃过巷战苦头的美军不敢掉以轻心，他们在苦练怎么打胜仗的同时，也在苦练打败仗后如何当俘虏。战俘训练课程的名称是"超压力灌输"，包含四大科目——野外生存、躲藏逃脱、积极抵抗、保命要紧。训练以近乎残酷的方式进行，但却是必要的。它可提高人的生理和心理承受能力，一旦身临绝境，就可以从容应付。

【智慧】 "凡事预则立，不预则废。"无数事实说明，谁能为失败做准备，谁就能化险为夷，反败为胜。

十、行动证明一切

【妙语】 等待并不能成就事业，行动证明一切。

——张家熊

【故事】 在 18 世纪，人们还不能正确地认识雷电到底是什么。当时本杰明·富兰克林认为雷电是一种放电现象，它和在实验室产生的电在本质上是一样的。但却受到了嘲笑。

富兰克林决心用事实来证明一切。1752年6月的一天，阴云密布，电闪雷鸣，一场暴风雨就要来临了。富兰克林和他的儿子威廉一道，带着上面装有一根金属杆的风筝来到一个空旷地带。富兰克林和他的儿子一起拉着风筝线。父子俩焦急地期待着。突然，一道闪电从风筝上掠过，富兰克林用手靠近风筝上的铁丝，立即掠过一种恐怖的麻木感。他抑制不住内心的激动，大声呼喊："威廉，我被电击了！"随后，他又将风筝线上的电引入瓶中。回到家里以后，富兰克林用雷电进行了各种电学实验，证明了天上的雷电与人工摩擦产生的电具有完全相同的性质。富兰克林关于天上和人间的电是同一种东西的假说，在他自己的这次实验中得到了很好的证实。

【智慧】总是有一些人比其他人觉醒得更早，这先觉醒的，往往难以被陈旧腐化的所接受。面对人们的指责，等待，并不能让他们明白道理，我们最好的回答就是用事实来证明一切。

十一、只要自己尽力而为

【妙语】在努力耕耘的过程中，不必去关心别人的冷眼或喝采，而只要自己尽力而为。

——罗曼·罗兰

【故事】美国华裔少年孔庆翔既没有漂亮的面孔，也没有圆润的嗓子。然而在美国一个造梦的天堂，孔庆翔打造出了一片属于自己的天空，不能不说是一种奇迹。

2004 年，貌不惊人的华人小子孔庆翔参加了美国综艺节目《美国偶像》。他不仅五音不全，而且台风滑稽，让现场观众和评委都大跌眼镜。评委克威尔尖酸地嘲讽他说："你竟然不会跳舞？在台上表现得过于麻木！并且几乎无唱功可言，令人颇感聒噪。"而孔庆翔却不慌不忙地说："我觉得我虽唱功稍差，但我没有遗憾，因为我已经尽力了。"由于该大赛是电视直播，美国的观众都为孔庆翔的言辞感动，立刻声援声四起。节目播出之后，孔庆翔受到了前所未有的关注，多家媒体争相报道他在歌手大赛中的表现。于是孔红了，成了美国家喻户晓的人物。紧接着，孔庆翔和 KOCH 以及 FUSE 两家唱片公司签订第一张专辑《灵感》（1nspiration），于 2000 年 4 月 6 日在全美发行，第二周的销量成功蝉联美国公告牌独立大碟榜冠军，挤入公告牌流行榜前 40 位，气势逼人。孔庆翔也成为在美国知名度最高的中国人。

【智慧】在美国人看来，"我已经尽力了"是一个人对待一件事情最好的态度。既然一个人"已经尽力了"，那么我们还有什么理由嘲笑他呢？孔庆翔的出名和成功虽是偶然，但里面必然存在所处环境的社会文化因素。

十二、成大事的三种境界

【妙语】成大事的三种境界：古今成大事业、大学问者，必经过三种境界，'昨夜西风凋碧树，独上高楼，望尽天涯路。'此第一境也。'衣带渐宽终不悔，为伊消得人憔悴。'此第二境也。'众里寻他千百度，蓦然回首，那人却在灯火阑珊处。'此第三境也。

——王国维

【故事】在《文学小言》一文中，王国维又把这三种境界说成"三种之阶级"。并说："未有不阅第一第二阶级而能遽跻第三阶级者。文学亦然，此有文学上之天才者，所以又需莫大之修养也。"（王国维所引词句第一为晏殊《蝶恋花》，第二为柳永《蝶恋花》，第三为辛弃疾《青玉案·元夕》。）

【智慧】王国维所说的第一境界是说，做学问成大事业者首先应该登高望远，鸟瞰路径，了解概貌，"望尽天涯路"；第二境界是说，做学问成大事业不是轻而易举的，必须经过一番辛勤劳动的过程，"为伊消得人憔悴"，就是说要像渴望恋人那样，废寝忘食，孜孜不倦，人瘦带宽也不后悔；第三境界是说，经过反复追寻、研究，最终取得成功。

十三、成功是坚持到最后的人

【妙语】最艰难的时候是走上坡路的时候。

——莫言

【故事】2012 年 10 月诺贝尔文学奖尘埃落定，为中国籍作家莫言获得。

　　莫言出生在山东一个很荒凉的农村，家里人口很多。在上世纪五六十年代，物质生活非常贫困，像他这样的农村孩子，像小狗小猫一样长大。莫言曾在某一年的大年三十到别人家讨饺子。经济上的贫困和政治上的歧视给他的少年生活留下了惨痛记忆，父亲过于严厉的约束也使他备受压抑，这种心理特征直接影响了他后来的小说创作。小学三年级时，莫言读了《林海雪原》《青春之歌》《钢铁是怎样炼成的》等作品，受到文学启蒙。但他小学没毕业又碰上"文革"，他就辍学回家劳动，以放牛割草为业。闲暇时读了《三国演义》《水浒传》，无书可读时甚至读《新华字典》。

　　莫言没想过当作家，不过有一年，莫言看到，当时报纸上发表了王蒙的一篇文章，大意是劝文学青年，大家不要在文学的狭窄的小路上挤来挤去，尽早判断自己是不是这块料子。你去当工人、当工程师也好，可以在别的领域发挥自己的特长。莫言看了以后很受刺激，他想，一个人的文学才能是自己无法判定的，你怎么知道我不行呢？你们都成名了，都成作家了，为什么打击我们呢？一个人怎样辨别是不是明智的选择，只能是通过实验，通过试探。我写上几年，不行了，我自动会转向，我再不转向，就会饿死，只好干别的。对于认为行动比经验重要的莫言来说，这个劝导是没有意义的，他只能告诉自己一定要试一下，行当然更好。

　　只有小学文凭的莫言不仅试了一下，还试了好几下。18岁时走后门到县棉油厂干临时工的莫言参加了人民解放军，这成了他人生的一个重大的转折。然后在部队待了几年，慢慢开始学习写作，开始的时候还是偷偷摸摸地写，因为如果在部队写作的话，领导会认为这是不务正业。直到发表了中篇小说《红高粱》，反响强烈，被读者推选为《人民文学》当年"我最喜爱的作品"第一名，莫言这才真正地走上了专业创作之路。

从此莫言的创作一发而不可收。陆续出版了《酒国》《檀香刑》等名作。故乡虽旧，亲人虽穷，莫言从来没有为此而感到自卑，连他自己也不会想到放牛牵羊翻《新华字典》的他创作源泉全是来自当年贫苦的故乡。成功后的莫言并没有忘记故乡，而是认为美妙的语言来自民间，所以他常常会像小时候那样跟村里的人"混"在一起，跟乡亲们学会用民间的语言来描述事物、表达自己的思想。

莫言曾经做过一个报告，报告里谈到《饥饿和孤独是我创作的源泉》：饥饿和孤独跟我的故乡联系在一起的，也就是在我少年时期，确实经历吃不饱穿不暖的悲惨生活，曾经有过那么一段大概两三天牵着一头牛或者羊在四面看不到人的荒凉土地上孤独地生存。我曾经说过饥饿和孤独是我创作的源泉，是我创作的原动力，是我的出发点。后来的创作之路中，乡村的贫困经历和孤独的感觉，成就了他笔下具有特色的中国乡土文学。

【智慧】失败者，往往是热度只有五分钟的人；成功者，往往是坚持到最后的人。莫言坚持了下来，并且在最艰难的时候也没有放弃。他认为，最艰难的时候是走上坡路的时候。有句话这样说：不要总是觉得生活会一直穷困下去，因为如果你这样感觉，那么这些就会成为事实，跟你如影随形。相反，你应该对未来充满希望和自信，说不定，你就会发现它真的如你期待的那样了。起初的莫言虽然没想过当作家，但写作带给他的日子一定是他当初期待的那样了。

十四、学会忍受

【妙语】有一类卑微的工作是用坚苦卓绝的精神忍受着的，最低陋的事情往往指向最崇高的目标。

——莎士比亚

【故事】鲜花与掌声从来就是年轻人全力追逐的事情，在茶楼当过跑堂，在电子厂当过工人的周星驰也不例外。然而现实与梦想之间的距离总是很遥远，周星驰第一个工作是电影剧组的杂役，根本没有机会参加演出。

3年之后，周星驰才开始饰演一些仅有几句台词或根本就没有台词的小角色。如果在今天仔细观看电视剧《射雕英雄传》，就会在里面找到他的影子：一个只在画面上闪现了几秒钟的无名侍卫，最后以死亡结束了匆匆的亮相。然而没有导演看中外型瘦弱另类的周星驰，在失落之余，他转行做儿童节目主持人，一做就是4年。他以独特的风格赢得孩子们的喜爱。但是当时有记者写了一篇《周星驰只适合做儿童节目主持人》的报道，讽刺他只会做鬼脸、瞎蹦乱跳，根本没有演电影的天赋。这篇报道深深刺激了周星驰，他把报道贴在床头，时刻提醒和勉励自己一定要演一部像样的电影。

1987年，他真正意义参演了第一部剧集《生命之旅》，虽然还是跑龙套，但是终于有了飞翔的空间。从此，他开始用一身小人物的卑微与善良演绎自己的人生传奇。

经历过最底层的挣扎，拍完50多部喜剧作品之后，周星驰成为大众心目中的喜剧之王。

【智慧】没有人生下来就是大明星，也没有人刚开始工作就能如愿以偿。饱尝世事辛酸最后终于站在自己梦想舞台巅峰之上的周星驰，用他的经历告诉我们：卑微是人生的第一堂课，只有上好这一堂课，才有机会使自己的人生光彩夺目。对于现在的人们，尤其是刚毕业的大学生们来说，他就是一本很好的教材。

妙语连珠

解读智慧

下

陈泳岑◎编著

中国出版集团

现代出版社

图书在版编目（CIP）数据

妙语连珠解读智慧（下）／陈泳岑编著. —北京：现代
出版社，2014.1
ISBN 978-7-5143-2128-9

Ⅰ. ①妙… Ⅱ. ①陈… Ⅲ. ①成功心理－青年读物
②成功心理－少年读物 Ⅳ. ①B848.4－49

中国版本图书馆 CIP 数据核字（2014）第 008536 号

作　　者	陈泳岑
责任编辑	王敬一
出版发行	现代出版社
通讯地址	北京市安定门外安华里 504 号
邮政编码	100011
电　　话	010－64267325 64245264（传真）
网　　址	www.1980xd.com
电子邮箱	xiandai@cnpitc.com.cn
印　　刷	唐山富达印务有限公司
开　　本	710mm×1000mm　1/16
印　　张	16
版　　次	2014 年 1 月第 1 版　2023 年 5 月第 3 次印刷
书　　号	ISBN 978-7-5143-2128-9
定　　价	76.00 元（上下册）

目 录

第三章　成功的法则(下)

第四章 冷静对万变

第五章　人生的道理

第三章　成功的法则（下）

十五、为机遇做好准备

【妙语】得之在俄顷，积之在平日。

——袁守定

【故事】一对穷困潦倒的年轻夫妇来到公园，坐在长椅上思考出路。因为付不起房租，他们被房东赶了出来。"今后该怎么办呢？"两人左思右想均无良策。

这时，从他们简陋的行李里忽然伸出一个小脑袋，那是他们平时最喜欢逗弄的一只小老鼠。想不到这只小东西竟跑进他们惟一的行李里面，跟着一起搬出了公寓。小老鼠滑稽的面孔，迷人的眼睛，可爱的样子，逗得夫妻俩忘记了现实的烦恼。太阳开始西下，夜幕即将降临。这时，年轻人忽然想到了一个前所未有的创意，他惊喜地嚷到："对啦，世界上像我们这样穷困潦倒的人一定很多，让这些可怜的人们，也看看小老鼠的可爱面孔吧！"他的眼前出现一幕幕动人的奇景：小老鼠们为了填饱肚子辛勤劳动，为了战胜更大的敌人团结互助，它们甚至快活地跳舞，甜蜜地恋爱……这位年轻的画家就是后来美国最负盛名的人物之一才华横溢的沃特·迪斯尼。穷困潦倒中的迪斯尼充分运用想象力，创造了活泼可爱的 MickeyMouse。

自大、爱恶作剧的、又热心解决问题的米老鼠成了美国经济大萧条时期的精神象征。

1923年，沃尔特和他的哥哥罗恩凑了3200美元重新创业，成立"迪斯尼兄弟动画制作公司"，这就是今天迪斯尼娱乐帝国的真正开始。1929－1932年，有100多万美国儿童加入"米奇俱乐部"，在当年的经济大萧条中，给美国儿童带来了无穷快乐。

1934年，迪斯尼将童话故事《白雪公主》改编制作成动画电影。当时，几乎所有人都反对他，因为要花费50万美元，这在当时是一个天文数字！沃尔特坚定地聘请了300多位艺术家来帮他完成这项"不可能的任务"。1937年12月21日，《白雪公主》问世，给沃特带来的是一个家喻户晓的卡通人物和10倍的投资回报率。迪斯尼不断挑战的劲头被很好地继承下来。1955年，迪斯尼把动画片所运用的色彩、刺激、魔幻等表现手法与游乐园的功能相结合，推出了世界上第一个现代意义上的主题公园——洛杉矶迪斯尼乐园。1971年，迪斯尼公司又在美国本土建成了占地130平方公里，7个风格迥异的主题公园、6个高尔夫俱乐部和6个主题酒店组成的奥兰多迪斯尼世界。1983年和1992年，迪斯尼以出卖专利等方式，分别在日本东京、法国巴黎建成了两个大型迪斯尼主题公园。至此，迪斯尼已然成为世界上主题公园行业内巨无霸级跨国公司。

【智慧】机遇出现往往是突然的、不知不觉的，只有随时做好准备，从青年时代开始就尽可能地学习广博的知识、锻炼自己创新能力的人才可能抓住机遇。当然，这里要特别强调的是创新能力，而不是光有读书能力。

从年轻时就要开始尽可能地获取各种各样的广博的知识，按照你的知识结构给自己创造机遇；机遇突然出现时，你要抓住它。而且从学生时代开始就要尽可能锻炼出很强的创新能力，也就是机遇来到的时候你要有创造性。

十六、在挫折中拼搏

【妙语】每个人都应有坚韧不拔，百折不挠，勇往直前的使命感，努力拼搏是每个人的责任。我对这样的责任怀有一种舍我其谁的耐心、毅力和信念。

——林肯

【故事】巴雷尼小时候因病成了残疾，母亲的心就像刀绞一样，但她还是强忍住自己的悲痛。她想，孩子现在最需要的是鼓励和帮助，而不是妈妈的眼泪。母亲来到巴雷尼的病床前，拉着他的手说："孩子，妈妈相信你是个有志气的人，希望你能用自己的双腿，在人生的道路上勇敢地走下去！好巴雷尼，你能够答应妈妈吗？"

母亲的话，像铁锤一样撞击着巴雷尼的心扉，他"哇"地一声，扑到母亲怀里大哭起来。

从那以后，妈妈只要一有空，就给巴雷尼练习走路，做体操，常常累得满头大汗。有一次妈妈得了重感冒，她想，做母亲的不仅要言传，还要身教。尽管发着高烧，她还是下床按计划帮助巴雷尼练习走路。黄豆般的汗珠从妈妈脸上淌下来，她用干毛巾擦擦，咬紧牙，硬是帮巴雷尼完成了当天的锻炼计划。

体育锻炼弥补了由于残疾给巴雷尼带来的不便。母亲的榜样作用，更是深深教育了巴雷尼，他终于经受住了命运给他的严酷打击。他刻苦学习，学习成绩一直在班上名列前茅。最后，巴雷尼以优异的成绩考进了维也纳大学医学院。大学毕业后，巴雷尼以全部精力，致力于耳科神经学的研究，登上了诺贝尔生理学和医学奖的领奖台。

【智慧】成功之路是漫长的，而在这中间还夹杂着各种各样的挫折。面对人生道路中的挫折和失败，是逃避，还是坦然面对呢？成功者选择的是后者。

漫漫人生路，有铺满鲜花的日子，也有阴雨连绵的时候；有掌声和欢笑环绕的日子，也有独自一人寂寞的时候。人生中会有许多的险滩暗礁，每一个人都会有栽跟头的时候，就像山路总会有弯曲，河水总会有急流，天空有晴又有雨。当我们不可避免地遭遇到挫折，走到了人生的低谷时，我们唯一的办法就是：忍着痛，继续向前走。成功之路是漫长的，是没有捷径可走的。要成为一个成功人物，必定要经历一个长期的奋斗历程，要用智慧、毅力、汗水去铸就。只有在人生路上坚持不懈地努力，百折不挠，不遗余力地去追求和探索，才能求得真理，取得成就。

十七、面对困厄要坚忍

【妙语】天之机械不测，抑而伸，伸而抑，皆是播弄英雄，颠倒豪杰处。君子只是逆来顺受，居安思危，天亦无所用其伎俩矣。

——魏征

【故事】宋、齐等国联合攻打郑国，弱小的郑国知道自己兵力不足，于是请晋国做中间人，希望宋、齐等国家能够打消攻打的念头。其它国家因为害怕强大的晋国，并不想得罪晋国，于是纷纷决定退兵。为了答谢晋国，郑国国君派人献给晋国许多美女与贵重的珠宝作为贺礼。收到这份礼物之后，晋悼公十分高兴，就将一半的美女赏给这件事的大功臣魏绛。没想到正直的魏绛一口拒绝，并且劝晋悼公说："现在晋国虽然很强大，但是我们绝对不能因此而大意，因为人在安全的时候，一定要想到未来可能会发生的危险，这样才会先做准备，以避免失败和灾祸的发生。"晋悼公听完魏绛的话之后，知道他时时刻刻都牵挂国家与百姓的安危，从此对他更加敬重。

【智慧】上天的奥秘变幻莫测，有时让人先陷入困境然后再进入顺境，有时又让人先得意而后失意，不论是处于何种境地，都是上天有意在捉弄那些自命不凡的所谓英雄豪杰。因此，一个真正的君子，如果能够坚忍地度过外来的困厄和挫折，平安之时不忘危难，那么就连上天也没有办法对他施加任何的伎俩了。"时势造英雄，英雄造时势"，苍松翠柏所以坚挺，在于经过寒冬大雪；物理如此，人理也是如此。想要成为英雄豪杰，成就非凡的事业，就必须先接受严厉的磨练。处身艰难的环境，不是上天在为难，而是上天有心要培育。做人不可不认识这点。如何迎接这种挑战？那就要求我们时刻做好准备了。

十八、不要懒惰

【妙语】天下事以难而废者十之一，以惰而废者十之九。

——颜之推

【故事】语言大师侯宝林只上过三年小学，由于勤奋好学，他的艺术水平达到了炉火纯青的程度，成为了著名的语言专家。有一次，他为了买到自己想买的一部明代笑话书《谑浪》，跑遍北京所有的旧书摊也未如愿。后来，他得知北京图书馆有这本书。时值冬日，他顶着狂风，冒着大雪，一连18天都跑到图书馆去抄书。一部10万字的书，终于被他抄录到手。侯宝林正是凭着"不达目的不罢休"的坚强毅力，才成为一代相声艺术宗师的。

【智慧】语言大师侯宝林以他的行动告诉我们这样的道理：要想成就一番事业，一要勤奋好学，二要持之以恒。

十九、青春宝贵

【妙语】人世间，比青春再可贵的东西实在没有。然而青春也最容易消逝。

——郭沫若

【故事】"初唐四杰"之一的王勃少有奇才。他六岁就会写文章，9岁读颜氏《汉书》，写《指瑕》一文，指出颜注的错误，受到长辈先生们的称赞。14岁举幽素科，授朝散郎，做沛王府修撰。二十余岁时，他赴海南探望父亲，路过洪州（今南昌市）当时都督阎伯屿在新修的滕王阁上大宴宾客，王勃也应邀出席宴会。阎都督事先已要其女婿做好了序文，但为了表示谦恭，假意请众宾客作序。大家都谦逊推辞，唯独王勃毫不客气，提笔挥毫，顷刻而就写成了《滕王阁序并诗》，满座皆惊。阎都督读到文中"落霞与孤鹜齐飞，秋水共长天一色"一句时，惊奇地从座位站起来连说："真是天才啊！"《滕王阁序》从此成为古今传诵的名篇。但可惜王勃就在这次赴海南省亲中，渡海溺水，惊悸而死，年仅27岁。

【智慧】抓住宝贵的青春，王勃虽英年早逝，但不仅流传千古之名，更为后人留下了不朽的经典。

二十、珍惜青春

【妙语】虽然紫菀草越被人践踏越长得快,可是青春越是浪费,越容易消失。

——莎士比亚

【故事】著名数学家华罗庚 14 岁读初中时因家庭贫穷辍学,靠刻苦自学取得极其显著的成就。20 岁时在《科学》杂志上发表《苏家驹之代数的五次方程解法不能成立的理由》,受到大数学家熊庆来的重视,被调到清华大学任教。1934 年成为文化基金会研究员。1936 年去英国世界著名的剑桥大学作访问学者。其间在数论方面取得的卓越成果引起了全世界数学界的重视。年仅 25 岁的华罗庚已然成为知名度很高的数学家。

华罗庚在数学领域的研究工作既广泛又具有开创性,在数论、代数、多复变函数论等方面都有深刻的研究和卓越的贡献。著作有《数论导引》、《堆垒素数论》、《高等数学引论》等数十种专著及大量科学论文。

【智慧】古今中外有很多人都是在青春时期便抓紧机会努力学习而成就一番事业的。当然也有一些名人暮年方得认可。但是,无论如何,我们能在这些成功者身上看到的都是对时间的珍惜。

二十一、青春是你生命中最重要的时段

【妙语】生活赋予我们一种巨大的和无限高贵的礼品,这就是青

春。充满着力量，充满着期待，充满着求知和斗争的志向，充满着希望、信心的青春。

——奥斯特洛夫斯基

【故事】大家都知道波兰19世纪杰出的作曲家、钢琴家萧邦，他是浪漫乐派巨匠，有"钢琴诗人"的美称。他毕生憎恨沙俄对波兰的民族压迫和奴役，不少作品反映了他对被占领的故国家园的怀念与对民族独立的期望和忧国伤时的悲愤心情。当波兰反对沙俄奴役革命失败，华沙陷落的恶耗传到维也纳时，（萧邦当时旅居维也纳）年仅20岁的萧邦心中无限哀伤，于是创作了世界名曲《C小调练习曲》来记录这一份悲哀。所以此曲又名为《革命练习曲》。

【智慧】很多人都认为青春只是人生的一个阶段，这只是从生理上认知的。其实，从更宽阔的视野看，青春既不是人生的一个时期，也不是所谓朱唇红颜，更不是灵活的关节，而应该是坚定的意志，丰富的想象，饱满的情绪，其内涵是战胜怯懦的勇气，是敢于冒险的精神。

人生都是有限度的，也是无法延长的，但是，人生却存在着经济学中讲的"利润最大化"的问题，即如何在有限的人生当中产生更大的价值。这就需要我们在人生各组成部分之间形成良好的搭配，使其达到不因终日游手好闲而浪费光阴，也不因无暇享受生活而虚度光阴，这一切的初始基础都来自于青春之时。

请把握青春吧！把握好你生命中最重要的时段！

二十二、自我教育

【妙语】追求理想是一个人进行自我教育的最初的动力。而没有自我教育就不能想象会有完美的精神生活。我认为,教会学生自己教育自己,这是一种最高级的技巧和艺术。

——苏霍姆林斯基

只要有所事事,有所追求,人就把握住了机运的车轮。

——爱默生

【故事】唐朝著名学者陆羽从小是个孤儿,被智积禅师抚养长大。陆羽虽身在庙中,却不愿终日诵经念佛,而是喜欢吟读诗书。后来,陆羽执意下山求学,遭到了禅师的反对。禅师为了给陆羽出难题,同时也是为了更好地教育他,便叫他学习冲茶。在钻研茶艺的过程中,陆羽碰到了一位好心的老婆婆,不仅学会了复杂的冲茶的技巧,更学会了不少读书和做人的道理。当陆羽最终将一杯热气腾腾的苦丁茶端到禅师面前时,禅师终于答应了他下山读书的请求。后来,陆羽撰写了广为流传的《茶经》,把祖国的茶文化发扬光大。

包拯包青天自幼聪颖,勤学好问,尤喜推理断案。其父与知县交往密切,包拯从小耳濡目染,学会了不少的断案知识。尤其在焚庙杀僧一案中,包拯根据现场的蛛丝马迹,剥茧抽丝,排查出犯罪嫌疑人后,又假扮阎王,审清事实真相,协助知县缉拿凶手,为民除害。他努力学习律法刑理知识,为长大以后断案如神、为民伸冤打下了深厚的知识基础。

【智慧】无论做什么,都应该有一个负责且努力的过程。努力过了,才不会有遗憾。如果半途说放弃,以后的人生回想起来岂不后悔,如果坚持下去,是不是结果就不一样了呢?这样纠结多年,是何其可悲的事啊。所以,在有幸的人生中,不要停下努力的脚步,不要轻易放弃,要把努力这个过程表现到极致。

只要一直努力,就会有收获。因为人生,就是一个不断努力的过程。

二十三、理想是我们人生前进的动力

【妙语】每个人都有一定的理想，这种理想决定着他的努力和判断的方向。就在这种意义上，我从来不把安逸和快乐看做生活目的的本身。

——爱因斯坦

【故事】五代画虎名家历归真从小喜欢画画，尤其喜欢画虎。但是由于没有见过真的老虎，总把老虎画成病猫。于是他决心进入深山老林，探访真的老虎。经历了千辛万苦，在猎户伯伯的帮助下，终于见到了真的老虎。通过大量的写生临摹，其的画虎技法突飞猛进，笔下的老虎栩栩如生，几可乱真。从此以后，他又用大半生的时间游历了许多名山大川，见识了更多的飞禽猛兽，终于成为一代绘画大师。

【智慧】理想是我们人生前进的动力，理想作为我们人生追求的目标，人们为了达到这个目标就要以坚强的毅力，顽强的斗志，勇于拼搏的精神去奋斗。因此，理想便成了我们前进的动力，创造出不平凡的业绩。高尔基说过：一个人追求的目标越高，他的才能在发挥过程中对社会就越有益。如果我们每个人都有自己的远大目标，我相信，我们的社会将会发展的更快更好。

理想属于我们每一个人，但对于我们青少年尤其重要。因此，我们应该在青少年时代树立远大的人生目标和理想，使自己的一生过得更加有意义，有价值。

二十四、不要停止对知识的探求

【妙语】人的本性在于求知。

——亚里士多德

【故事】"人间四月芳菲尽，山寺桃花始盛开。"当读到这句诗时，沈括的的眉头凝成了一个结：为什么我们这里花都已经凋谢，山上的桃花才开始盛开呢？为了解开这个谜团，沈括约了几个小伙伴上山实地考察一番。四月的山上，乍暖还寒。凉风袭来，冻得人瑟瑟发抖。沈括矛茅塞顿开：原来山上的温度比山下要低很多，因此花季才来得比山下来得晚。凭借着这种求索精神和实证方法，长大以后的沈括写出了《梦溪笔谈》。

【智慧】求知是人的本性，人类不会先衡量一门学问是否有用再去决定是否继续思考下去。同样，学习不会因为有用和无用而被人类有所取舍，实际上，你每时每刻都生活在学习中，人说到底是"学习着的"存在。所以，学习永远不会停止，因为人不能否认自己的本性。

二十五、勤劳是人类最好的美德

【妙语】蜜蜂因夏天勤劳才能冬天食蜜。

——英国

【故事】1928 年秋天，国民党反动派对井冈山革命根据地实行了残酷的军事"围剿"和经济封锁，妄图把井冈山根据地军民困死、饿死。为了保卫井冈山革命根据地，粉碎敌人的阴谋，毛委员和朱德军长向根据地的军民发出了这样的口号：自力更生，艰苦奋斗，坚持斗争。

那时候，部队吃粮，需要往返五六十里的山路到宁冈去挑，于是红军发动了一个挑粮运动。毛委员和朱军长同战士们一样，脚上穿着草鞋，头上戴着斗笠，翻山越岭，亲自参加挑粮。

当时，朱德同志已经40多岁了。战士们见他为革命日夜操劳，在百忙之中还和大家走山路过小河挑粮，生怕他累坏了身体。战士们都劝说："朱军长，你那么忙，就不要挑了。"朱德感谢同志们的关心，仍然坚持要挑粮。战士们见劝说不起作用，就商量把他的扁担藏起来，以为这样朱德同志没扁担就挑不成粮了。谁知朱德同志又用竹子削了一根扁担，第二天又照样和战士们一起挑粮，战士们见朱德同志又有了扁担，晚上又把它藏起来，没有想到，第三天他又照样出现在挑粮的队伍里，而且他在新削的扁担上，特地刻上了"朱德记"三个字。朱德军长笑着对战士们说："你们以后谁再'偷'我的扁担，我可要批评。"朱德同志的一席话说得战士们都笑了。今天，这条扁担珍藏在革命历史博物馆内。

从此，"朱德的扁担"这个故事，就像长了翅膀，传遍了整个井冈山，也传遍了全中国，激发了全国人民争取革命胜利的斗志。

【智慧】勤劳是人类最好的美德，它能够提升我们的素质，帮我们在通往成功的路上渐行渐远。朱德的勤劳，不只激励了士兵们的拼搏精神，更为我们这一代人树立了一个勤劳的好榜样。

二十六、不要急，慢慢来

【妙语】 学到很多东西的诀窍，就是一下子不要学很多。

——洛克

【故事】 一只新组装好的小钟放在两只旧钟当中，两只旧钟"滴答、滴答"一分一秒地走着。

其中一只旧钟说："来吧，你也该工作了。可是我有点担心，你走完 3200 万次以后，恐怕便吃不消了。"

"天哪！3200 万次！"小钟吃惊不已，"要我做这么大的事？办不到，办不到。"

另一只旧钟说："别听他胡说八道。不用害怕，你只要每秒滴答摆一下就行了。"

"天下哪有这样简单的事情。"小钟将信将疑，"如果这样，我就试试吧。"

小钟很轻松地每秒钟"滴答"摆一下，不知不觉中，一年过去了，它摆了 3200 万次。

【智慧】 每个人都希望梦想成真，成功却似乎远在天边遥不可及。倦怠和不自信让我们怀疑自己的能力，放弃努力。其实，我们不必想以后的事，一年甚至一个月之后的事，只要想着今天我要做些什么，明天我该做些什么，然后努力去完成，就像那只钟一样，每秒"滴答"摆一下，成功的喜悦就会慢慢浸润我们的生命。

二十七、懂得节约

【妙语】 节俭是你一生中食之不完的美筵。

———爱默生

【故事】 毛泽东要求别人的自己首先做到节俭。他一生粗茶淡饭，睡硬板床，穿粗布衣，生活极为简朴，一件睡衣竟然补了73次、穿了20年。经济困难时期，他自己主动减薪、降低生活标准。上世纪60年代，有一次召开会议到中午还没有结束，他留大家吃午饭，餐桌上一大盆肉丸熬白菜、几小碟咸菜，主食是烧饼。伟人在勤俭节约方面为国人做出的表率从此传为佳话。

【智慧】 古人云："俭，德之共也；侈，恶之大也"、"历览前贤国与家，成由勤俭败由奢"。勤俭节约是国人的一种传统美德，是中华民族的优良传统。小到一个人、一个家庭，大到一个国家、整个人类，要想生存，要想发展，都离不开勤俭节约这四个字。可以说修身、齐家、治国都离不开勤俭节约，诸葛亮把"静以修身，俭以养德"作为"修身"之道；朱柏庐将"一粥一饭，当思来之不易；半丝半缕，恒念物力维艰"当作"齐家"的训言；毛泽东以"厉行节约，勤俭建国"为"治国"的经验。

二十八、成功在于自己的努力

【妙语】 先天环境的好坏，并不足奇。成功的关键在于一己之努力。

———王永庆

【故事】有一个年轻人，因为家贫没有读多少书，他去了城里，想找一份工作。可是他发现城里没一个人看得起他，就在他决定要离开那座城市时，忽然想给当时很有名的银行家罗斯写一封信。他在信里抱怨了命运对他是如何的不公。

信寄出去了，他便一直在旅馆里等，几天过去了，他用尽了身上的最后一分钱，也将行李打好了包。就在这时，房东说有他一封信，是银行家罗斯写来的。可是，罗斯并没有对他的遭遇表示同情，而是在信里给他讲了一个故事。

罗斯说："在浩瀚的海洋里生活着很多鱼，那些鱼都有鱼鳔，但是惟独鲨鱼没有鱼鳔，没有鱼鳔的鲨鱼照理来说是不可能活下去的。因为它行动极为不便，很容易沉下水底，在海洋里只要一停下来就有可能丧生。为了生存，不得不不停游动的鲨鱼拥有了强健的体魄，成了同类中最凶猛的鱼。"

最后，罗斯说："这个城市就是一个浩瀚的海洋，拥有文凭的人很多，但成功的人很少。你现在就是一条没有鱼鳔的鱼……"

那晚，他躺在床上久久不能入睡，一直在想着罗斯的信。突然，他改变了决定。第二天，他跟旅馆的老板说，只要给一碗饭吃，他可以留下来当服务生，一分钱工资都不要。旅馆老板不相信世上有这么便宜的劳动力，很高兴的留了他。10年后，他拥有了令美国羡慕的财富，并且娶了银行家罗斯的女儿，他是石油大王哈特。

【智慧】不要抱怨命运的不公平，人生之路要靠自己开拓。有时阻止我们前进的不是贫穷，而是优越。如果想要成功，就要像鲨鱼一样不停地游动，不停地努力。

二十九、未成之事勿示于人

【妙语】 未成之事勿示于人

【智慧】 不论做什么事情，都要在做完后才能供人欣赏。事情在刚开始做，尚未成型时就随便示人，给人留下的永远是残缺不全的印象。即使是在事成之后，如果想起它曾经并不完美，也会妨碍我们对它的欣赏。一眼就能纵观事物全貌，我们虽然不能欣赏它的局部，但能使我们的审美感觉得到满足。一件事物在形成之前就是不存在，虽然它正逐渐形成，但仍然是不存在。看到美味佳肴的制作过程，你肯定会大倒胃口。在作品的孕育中，真正的大师不会把其展示给别人看。要像自然之母学习，她不会让自己的孩子轻易露面，除非他已经可以示人。

三十、不要撩起他人过高的期望

【妙语】 事情开始之初，不要撩起他人过高的期望。

——现实智慧

【智慧】 那些一开始备受称颂的事物，很少能达到预期的效果。现实从来赶不上想像。

想像一事完美很容易，而事实上达到完美却很难。想像总是与欲望相结合，孕育出来的东西往往与现实相距甚远。现实生活中的事物无论多么优异，都难以满足我们的预想。于是，想像每每有上当受骗之感，卓越也常导致失望而非佩服。希望是个骗子，要用良好的判断力来控制它，以便一件事情结束后，其带来的乐趣远远超过自己的欲求。光明正大的开头只应该撩起人的好奇之心，不可强化众人的期望值。如果现实超越预期，结果胜过预想，人们会愉快得多。

当然这个道理并不适用于坏事：恶事如经夸大，当人们发现实情时或许会拍手称快。那些原本被视为会带来灾祸之事，结果变得似乎可以接受了。

三十一、得意时要为失意时做准备

【妙语】得意时要为失意时做准备。

【智慧】事前先做好准备工作，这是明智的做法，而且也很容易做到。当好运接二连三降临时，你将拥有很多朋友，并且他们都会对你提供帮助。这时，你应该为霉运当头的日子做好准备，因为当你身处逆境时，获取别人的帮助将成为你的奢望，即使别人愿意帮助你，你需要付出昂贵的代价才能获得。拥有一些朋友以及对你心存感激的人，终有一天你会发现，这些平时看似无关紧要的人，突然间变得很有价值。卑鄙恶劣的人不可能拥有朋友，因为在他们处境顺利的时候，他不想和任何人成为朋友；当他遇事不利时，则变成任何人都不想和他成为朋友

三十二、做事前先要想好

【妙语】三思而后行。

——孔子

【智慧】当你在行事时预感到自己最终会失败时，就应该马上停止。旁观者能够很清楚地看到你即将失败，特别是当旁观者是你的敌人时。当你的判断力因为受到情感的影响而摇摆不定时，请冷静下来仔细地思考一下，这样才能做出正确的决定。当你对某事还心存疑惑时就放手去做，这是十分危险的行为，此时最安全的方法就是什么也不做。明慎之人不会把希望寄托在可能上，他们始终在理智的控制下前行。一件事在准备时就遭到审慎的质疑，它怎么可能会达到预期的效果呢？即使是经过内心检验而毫无疑义的决议也会出错，我们又怎么能指望那些遭到理性怀疑和判断力非议的事完全正确呢？

三十三、不要等待别人

【妙语】率先迈出第一步

【智慧】如果你想成为杰出之人，就要先于别人行动，因为在同等条件下，迈出第一步的人就会率先取得优势。有些人本来能够在其所从事的行业中独领风骚，可偏偏却让那些不如他们的人占得心机。取得先机者是名望的继承人，后来者只能成为没有继承权的次子，勉强分到一点糊口之财。而且不论后来者如何挖空心思，依然摆脱不了步人后尘的嫌疑，受到众人的嘲笑。杰出之人总是小心翼翼，采用与众不同的方法创造卓越。因为标新立异，所以能够得以名垂青史。平庸的人却只愿成为二流之首，而不做一流之次。

完美的一击往往源于良好的蓄势准备。如果具备了这种能力，你就不会处于紧张的状态，也没有难以应付的突发意外了。有的人思考得很多，但是做什么事都会出错，有些人毫无主见，却总是能达到自己的目的。有的人韧性很强，越是在紧急的情况下，其能力发挥得反而越好，他们是异于常人的怪才，其成功就如同是自然天成，经过深思熟虑之后，反而会遇到障碍。如果他们当时没有主意，事后也绝对不会有主意，对于他们来说，没有第二次机会可言。敏捷能够赢得赞赏，因为这显示了一种天资卓绝的东西：思想精微，行为明慎。

三十四、把握机遇

【妙语】人生成功的秘诀是当好机会来临时，立刻抓住它。
——狄斯累利

【故事】18 世纪后半叶，欧洲探险家来到澳大利亚，发现了这块广袤千里、丰饶富足的"新大陆"。随后白人殖民者蜂拥而至，为抢占土地、建立殖民地展开了激烈的角逐。

1802 年，英国派遣弗林达斯船长率双桅帆船驶向澳大利亚。与此同时，法国的拿破仑也命阿梅兰船长驾驶三桅船鼓帆前往。

经过一番航海较量，驾驶先进的三桅快船的法国人捷足先登，抵达并抢占了澳大利亚的维多利亚州，将该地命名为"拿破仑领地"。在自我陶醉的洋洋得意之时，好奇的法国人发现当地有一种珍奇的蝴蝶。为了捕捉这种色彩斑斓的珍蝶，他们竟然忘记了肩负的重要使命，全体出动，一直纵深追到澳大利亚的腹地。正当法国人追捕珍蝶的时候，英国人驾驶着双桅船也匆匆赶到了。英国人看到了法国人停泊在那里的三桅船，顿时感到万分的沮丧。在万般无奈之中，他们突然惊喜地发现：先期到达的法国人无影无踪了！机不可失，失不再来。于是，弗林斯达船长立即命令手下安营扎寨、抢占地盘……等到法国人兴高采烈地带着珍蝶返回来的时候，这块面积相当于英国大小的土地，已经被英国人牢牢地掌握在手中，留给法国人的只是无尽的懊丧与遗憾。

【智慧】珍蝶是诱惑。诱惑总是嘲弄那些认真追求它的痴情傻瓜。法国人大概做梦也不会想到，追捕小小的蝴蝶竟导致失去澳洲的历史性悲剧。

人生中到处都有类似珍蝶的诱惑，到处都有超过珍蝶的诱惑。诱惑力越强，危害性也越大。不能战胜诱惑，就不能战胜自己；不能战胜自己，就不能战胜对手。胜人者应先自胜。

三十五、不要等机会走掉

【妙语】机会先把前额的头发给你捉而你不捉之后，就要把秃头给你捉了；或者至少它先把瓶子的把儿给你拿，如果你不拿，它就要把瓶子滚圆的身子给你，而那是很难捉住的。在开端起始时善用时机，再没有比这种智慧更大的了。

——培根

【故事】奥地利皇家歌剧院的首席歌唱家黑海涛原本不过是北京音乐学院的一位来自陕北地区的普通学生，他是如何获得成功的呢？

世界歌王帕瓦罗蒂到北京来的时候，顺便去了北京音乐学院。当时很多有背景的人都想让这位歌王听一听自己子女的歌唱，帕瓦罗蒂捺着性子听，不置可否。这时，窗外一男孩引吭高歌，唱的正是名曲《今夜无人入睡》，歌者就是从陕北山区来的学生黑海涛。他知道自己没有机会见到帕瓦罗蒂，只能凭借歌声推荐自己。

听到窗外的歌声，帕瓦罗蒂说："这个学生的声音像我。"接着又说:"这个学生叫什么? 我要见他,要收他做我的学生!"后来帕瓦罗蒂亲自安排黑海涛出国深造事宜,但黑终因种种原因而未拿到签证。

1998年,意大利举行世界声乐大赛,正在奥地利学习的黑海涛写信给帕瓦罗蒂。帕瓦罗蒂亲自给意大利总统写信,终于使黑海涛成行,并在那次大赛上获得了名次。

【智慧】如果黑海涛没有那一嗓子《今夜无人入睡》,也许此刻他还会默默无闻。人应当学会适当地展现自我,推销自我;千里马不能静等伯乐,有时需要自己嘶鸣。

其实每个人都有展示自己才干的机会,应该善于把握,因为一个人不可能每天都能获取成功。即使是细小的才干,才华横溢的人也能将其展示出来,而他们那些高超出众的才能被展示出来后,则会令人惊叹不已。如果你有才干,并懂得如何将它展现出来,你就会被认为是奇迹。有些国家的全体国民都善于展示自己,西班牙人在这方面堪称楷模。

上苍给予我们完美的才干,就是为了让我们进行展示。当然,这种展示也需要高超的技巧,即便是出类拔萃的才干也要依赖于环境;不合时宜的展示只能让你白白付出劳动而收不到任何成效。在展示才干时我们也不应矫揉造作,否则,它就会让人心生厌恶,而且还会因为流于虚荣而招来轻视。这时应该做到节制和谦虚,以免流于粗俗。才干显露得太多,会为智者所不屑。有时,要的就是一种无声的雄辩,漫不经心的展示。明智的掩饰是赢得称颂最有效的手段。正因为避开了人们的视线,反而会激起他们的好奇心。不要把你的才干一次展现出来,而是应该逐步展现。赢得一次辉煌的成功后再进行下一次,获得热烈的掌声后再期望更多的成功。

三十六、强者制造时机

【妙语】别让机遇悄悄溜走。机遇从不光顾没有准备的头脑，弱者坐待良机，强者制造时机。

——居里夫人

【故事】别涅迪克博士是法国一家化学研究所的高级研究员。一次，在实验室里，他准备将一种溶液倒入烧瓶，一不小心烧瓶"咣当"落在了地上，糟糕！还得费时间打扫玻璃碎片，别涅迪克博士有些懊恼。然而，烧瓶并没有破碎。于是他弯下腰捡起烧瓶仔细观察，这只烧瓶和其他烧瓶一样普通。以前也曾有烧瓶掉在地上，但无一例外全都破成了碎片，为什么这只烧瓶仅有几道裂痕而没有破碎呢？别涅迪克博士一时找不到答案，于是他就把这只烧瓶贴上标签，注明问题，保存起来。不久后的一天，在别涅迪克博士走进实验室前，他看到一张报纸上报道说市区有两辆客车相撞，车上的多数乘客被挡风玻璃的碎片划伤，其中一辆车的司机被一块碎玻璃刺穿面部而进入口腔。别涅迪克博士一下子想到了那只裂而不碎的烧瓶。他走进实验室拿过那只烧瓶仔细观察，只见那只烧瓶的瓶壁有一层薄薄的透明的膜。别涅迪克博士用刀片小心地取下一点进行化验，结果表明，这只烧瓶曾盛过一种叫硝酸纤维素的化学溶液，那层薄薄的膜就是这种溶液蒸发后残留下来，遇空气后产生了反应，从而牢牢粘贴在瓶壁上起到了保护的作用。因为无色透明，所以一点儿也不影响视觉。"如果这种溶液，用于汽车玻璃的生产中，以后再发生类似的交通事故，乘客的生命安全系数不是就会更有保障吗？"

这种玻璃后来广泛应用于各种行业，至于汽车玻璃，更是不可或缺。而别涅迪克博士因为这个小小的发现而荣登 20 世纪法国科学界突出贡献奖的榜首。

【智慧】无意间的发现，成就了一个人的一生。如果当初博士没有将烧瓶留好，等待以后的观察，而是随手将其弃之不顾，他一定不会拥有后来的成就。

正如居里夫人所说，机会是给有准备的人的。也许我们现在还没有看到机会的影子，但我们也要做好准备，因为机会无处不在，不知何时就会来到你我面前。

三十七、买件红衣服穿

【妙语】买件红衣服穿，善于捕捉机会者为俊杰。

——歌德

【故事】有一个衣衫褴褛、满身补丁的男孩子，名叫查理，跑到建筑工地上，来到一个衣着光鲜、叼着雪茄的男人面前，诚恳地问道："您能不能告诉我，我要怎样做才能使自己长大后变得像您一样有钱？"这男人就是工地的建筑商，他吐出一口烟雾，回答道："小伙子，回去买件红外套，在工作中拼命地干。"看男孩子一脸困惑的样子，他又吐了一口烟，接着说道："你看到那边在脚手架上工作的人了吗？他们是不是看上去全都是一样？我根本不可能把这些工人的名字全都记住，也记不住他们的样子。""但是，"他接着说，"能让一个老板记住的员工靠的就是他的工作。你仔细看那边，有一个穿红外套的工人，他的脸也晒得红红的。我格外注意到了他，因为他似乎总是比别人更卖力，做得更带劲。每天早上，他都比大家来得早那么一点；每天下工时，他似乎又总是走得晚一点。因为他的那件红外套，和他的工作表现，我一下就能认出他来。我准备找一个工地上负责的监工，由于他给我留下的这些印象，我已决定由他来担任，如果他表现出色，我还会把更重要的事情交给他做。如果他努力，他会成为一个有钱人。小伙子，其实这也是我发达起来的过程，我卖力工作，成为我周围所有人中最好的。如果我和大家一样穿白色衬衫，可能就没人注意到我了，所以我天天穿红色外套，同时加倍努力。不久老板就注意到了我，让我当他的副手。后来我努力存钱，自己成为了老板。"

【智慧】每一种成功都始于一双善于发现的眼睛，更始于执著探索的心灵。常常我们慨叹没有机遇，但许多时候，机遇来临时并不是敲着锣打着鼓，而是悄悄从你身边溜过。有心还是无意，是决定能否抓住机遇的关键。

第四章　冷静对万变

一、切勿自满

【妙语】你不要骄傲地在大地上行走，你绝不能把大地踏穿，绝不能与山比高。

——《古兰经》

【故事】以微软公司这样的成功，加上盖茨可谓年少得志，他一定洋洋自得。不过，出人意料之外的是，盖茨却以成功为警惕。他说："成功非良师，它让聪明人自以为立于不败之地，也无法对未来提供可靠的指引。今日看来完美的计划或最新科技，瞬时便可能成为明日黄花，八轨磁带机如此、真空管电视机如此、大型主机电脑也是如此。"因此，虽然盖茨自信满满，但是这样谨慎求好的态度，也可以称作是"比尔·盖茨式的谦虚"吧！

【智慧】如果当人遇到顺境的时候，首先要把它当做对自己的肯定，给自己树立自信心，切忌骄傲，并把这种良好的状态一直保持下去，每前进一步，给自己树立更高的目标，不要止步现状。因为人要往高处走，别人也在前进中。记住一句话：当自己在学的时候，别人也在学习；而当你不学的时候，别人还在学习。

二、逆境砺志，顺境杀人

【妙语】居逆境中，周身皆针砭药石，砥节砺行而不觉；处顺境内，眼前尽兵刃戈矛，销膏靡骨而不知。

——《菜根谭》

【智慧】一个人如果生活逆境中，身边所接触到的全是犹如医治自身不足的良药，在不知不觉中磨练了我们的意志和品德；一个人如果生活在顺境中，就等于在你的面前布满了看不见的刀枪戈矛，在不知不觉中消磨了人的意志，让人走向堕落。

喜好顺境而讨厌逆境是人之常情。但从精神修养上来看，顺境不一定是喜事，逆境也不一定是坏事。人当处于逆境中挣扎，就像患病的人周围充满了药腥味。所谓："良药苦口利于病"，针刺石砭是消毒祛病的最好方法。所以，人在逆境中生活虽然痛苦，可由痛苦中培养节操，锻炼行为，这正是有利于精神修养的地方。反之，人在顺境，一切事情都合乎理想，久而久之，骄傲、奢侈、放纵不羁等种种行为就都发生了。这由精神修养上来说，就像一个人在刀枪林立兵戈满眼的环境中，一不注意就被这些杀人利器穿透了胸膛而肝脑涂地，因此越安全就越不可大意。从前有父子两人砍树，父亲老了不能上树顶去折枝，于是儿子上去，儿子在树的高头折断树枝，树干摇晃的拽动着儿子的身体，看来危险万分，但是老人一声不响的看着儿子工作，等到儿子工作完了下来的时候，到了树干的最低枒杈处，老人却频频呼喊小心。儿子下来后问老人，为什么在最高的时候不说注意，快到了平坦地上却说要注意呢？老人说，危险的时候，谁都会小心注意自己的生命安全，而不致大意。等到自己认为安全的场所，反倒粗心大意起来，这时候就容易发生意外了。

三、有一颗通达的心

【妙语】不要害怕你的生命会结束，而要害怕它从未开始。

——格雷斯·汉森

【故事】有一个人搭船到英国，途中遇到暴风，全船的人惊慌失措，他看到一个老太太非常平静的在祷告，神情十分安详。等到风浪过去，全船脱离了险境，这人很好奇的问这老太太，为什麼一点都不害怕。老太太回答："我有两个女儿，大女儿叫马大，已经被上帝接走，回到天家，二女儿叫马利亚住在英国。刚才风浪大作时，我就向上帝祷告，如果接我回天国，我就去看大女儿，如果留我性命，我就去看二女儿。不管去那里我都一样，所以我怎麼会害怕呢?"

【智慧】如果你有一颗通达的心，那么无论是遭遇什么样的事，总不致惧怕。

四、顺境也会出人才

【妙语】如果是玫瑰，它总会开花的。

——歌德

【故事】阿姆斯特朗是第一位登陆月球的人。小时候，他是一个善于幻想的孩子，但他的母亲从来不打击他的积极性。一次，他的妈妈在厨房洗碗，他在后院蹦蹦跳跳的玩耍，母亲问他："你在干吗?"他说:"我要跳到月球上去。"他的妈妈听后没有向其他孩子的家长那样泼孩子冷水,也没有骂他,或者说:"不要淘气,快停下来。"之类的话,而是说:"好!不要忘记回来哦!"在这样的轻松的环境下,他终于登陆了月球。可见好的引导方式更有利于他们发展。

【智慧】阿姆斯特朗为成功所付出的努力建立在母亲对他的支持之上。也许我们可以说,他后期的成功与他生存在一个充满肯定与支持的环境中是密补可分的。在这理解的沃土上生长出的玫瑰总有一天会盛开。但同时,成长和出人才的本质是一样的。顺境和逆境也都是一个生命历程,最重要的是人是否勤奋,是否对学习有兴趣。我国古代诗人杜牧就是一个实例。

杜牧,出生在一个豪门世家,他从小便受到了良好的教育,在年轻的时候,事业上便有了很大的成就。他与李商隐被后人称作"小李杜"。还有文天祥、周恩来、鲁迅等人,这不是顺境也能出人才的最好证明吗?

五、被克服的困难就是胜利的契机

【妙语】被克服的困难就是胜利的契机。

——贺拉斯

【故事】那天的风雪真暴,外面像是有无数发疯的怪兽在呼啸厮打。雪恶狠狠地寻找袭击的对象,风呜咽着四处搜索。大家都在喊冷,读书的心思似乎已被冻住了。一屋的跺脚声。鼻头红红的欧阳老师挤进教室时,等待了许久的风席卷而入,墙壁上的《中学生守则》一鼓一顿,开玩笑似的卷向空中,又一个跟头栽了下来。乱哄哄的教室静了下来，我们惊异地望着欧阳老师："请同学们穿上胶鞋，我们到操场上去。"几十双眼睛在问。"因为我们要在操场上立正五分钟。"即使欧阳老师下了"不上这堂课，永远别上我的课"的恐吓之词，还是有几个娇滴滴的女生和几个很横的男生没有出教室。操场在学校的东北角，北边是空旷的菜园，再北是一口大塘。那天，操场、菜园和水塘被雪连成了一个整体。矮了许多的篮球架被雪团打得"啪啪"作响，卷地而起的雪粒雪团呛得人睁不开眼张不开口。脸上像有无数把细窄的刀在拉在划，厚实的衣服像铁块冰块，脚像是踩在带冰碴儿的水里。我们挤在教室的屋檐下，谁也没有吭声，不肯迈向操场半步。后来，瘦削的只穿一件白衬褂的欧阳老师自己占到了操场的中央。过了一会，我们老老实实地到操场排好了三列纵队，并且，规规矩矩地在操场站了五分多钟。在教室时，同学们都以为自己敌不过那场风雪，事实上，叫他们站半个小时，他们也顶得住，叫他们只穿一件衬衫，他们也顶得住。

【智慧】面对困难，许多人戴了放大镜，但和困难拼搏一番，你会觉得，困难不过如此。正如生命中的许多伤痛一样，其实并不如自己想像的那么严重。如果不把它当回事，它是不会很痛的。你觉得痛，那是因为你自以为伤口在痛，害怕伤口的痛。

六、把最坏的日子捱过去

【妙语】把最坏的日子捱过去
——张秀阳《把最坏的日子捱过去》

【故事】凡·高在成为画家之前，曾到一个矿区当牧师。有一次他和工人一起下井，在升降机里，他陷入巨大的恐惧之中。颤巍巍的铁索轧轧作响，箱板在左右摇晃，所有的人都默不作声，听凭这机器把他们运进一个深不见底的黑洞，这是一种进地狱的感觉。事后，凡·高问一个神态自若的老工人："你们是不是习惯了，不再感到恐惧了？"这位坐了几十年升降机的老工人答道："不，我们永远不习惯，永远感到害怕，只不过我们学会了克制。"

【智慧】有些生活，你永远也不会习惯，但只要你活着，这样的日子你还得一天一天过下去，所以你就得学会克制，学会忍耐。面对日子，把最坏的都捱过去，剩下的也就是好的了。

七、克服困难

【妙语】被克服的困难就是胜利的契机。

——丘吉尔

狮子来到了天神面前："我很感谢你赐给我如此雄壮威武的体格、如此强大无比的力气，让我有足够的能力统治整座森林。"

天神听了，微笑地问："但是这不是你今天来找我的目的吧！看起来你似乎为了某事而困扰呢。"

狮子轻轻吼了一声，说："天神真是了解我啊！我今天来的确是有事相求。因为尽管我的能力再好，但是每天天亮的时候，我总是会被鸡叫声给吵醒。神啊！祈求您，不要让鸡在天亮时叫了！"

天神笑道："你去找大象吧，它会给你一个满意的答复的。"

狮子跑到湖边找到大象，看到大象正在气呼呼地直跺脚。

狮子问大象："你干吗发这么大的脾气？"

大象拼命摇晃着大耳朵，吼着："有只讨厌的小蚊子，钻进我的耳朵里，我都快痒死了！"

　　狮子离开了大象，心里暗自想着："原来体型这么巨大的大象，还会怕那么瘦小的蚊子，那我还有什么好抱怨呢？毕竟鸡鸣也不过一天一次，而蚊子却是无时无刻地骚扰着大象。这样想来，我可比他幸运多了。"狮子一边走，一边回头看着仍在跺脚的大象，心想："天神要我来看看大象的情况，应该就是想告诉我，谁都会遇上麻烦事，而神并无法帮助所有人。既然如此，那我只好靠自己了！反正以后只要鸡叫时，就当作鸡是在提醒我该起床了，如此一想，对我还算是有些益处。"

　　【智慧】一个障碍，就是一个新的已知条件，只要愿意，任何一个障碍，都会成为一个超越自我的契机。生活中，无论我们走得多么顺利，但只要稍微遇上一些不顺心的事，就会习惯性地抱怨老天亏待我们，进而祈求老天赐给我们更多的力量，帮助我们度过难关。但实际上，老天是最公平的，就像它对狮子和大象一样。反观之每个困境其实也都有其存在的正面价值。

八、苦难实为垫脚石

　　【妙语】上天给人一份困难时，同时也给人一份智慧。

——雨果

　　苦难对于天才是一块垫脚石。

——巴尔扎克

　　【故事】一天，一个农民的驴子掉到了枯井里。那可怜的驴子在井里凄惨地叫了好几个钟头，农民在井口急得团团转，就是没办法把它救起来。最后，他断然认定：驴子已经老了，这口枯井也该填起来了，不值得花这么大的精力去救驴子。农民把所有的邻居都请来帮他填井。大家抓起铁锹，开始往井里填土。驴子很快就意识到发生了什么事，起初，它只是在井里恐慌地大声哭叫。不一会儿，令大家都很不解的是，它居然安静下来。几锹土过后，农民终于忍不住朝井下看，眼前的情景让他惊呆了：每一锹砸到驴子背上的土，它都作了出人意料的处理：迅速地抖落下来，然后狠狠地用脚踩实。就这样，没过多久，驴子竟把自己升到了井口。它纵身跳了出来，快步跑开了。在场的每一个人都惊诧不已。

【智慧】其实，生活也是如此。各种各样的困难和挫折，会如尘土一般落到我们的头上，要想从这苦难的枯井里脱身逃出来，走向人生的成功与辉煌，办法只有一个，那就是：将它们统统都抖落在地，重重地踩在脚下。因为，生活中我们遇到的每一个困难，每一次失败，其实都是人生历程中的一块垫脚石。

九、顺境中更需谨慎

【妙语】顺境迷眼，切勿轻心。

——佚名

【故事】还记得"赤壁之战"吗？曹操的数十万大军就这样毁在赤壁，从此曹操一蹶不振。撇下周瑜和黄盖的"一个愿打一个愿挨"的计谋，就曹操而言来议一议。曹操在赤壁之前，曹军数目之大，军心之合是少有军队可比的。就这样，曹军就陷入这样一个"顺境"的迷雾中。更为招人才，不惜千军万马赶到赤壁。毕竟"骄兵必败"，忽视了谋略，战争的开始是一代枭雄的没落。

二战结束后，英国王室空军统计在战争中失事的战斗机和牺牲的飞行员以及飞机失事的原因，地点。其结果令人震惊，夺走生命最多的不是敌人猛烈的炮火，也不是大自然的狂风暴雨，而是飞行员的错误操作。而事故发生最频繁的时段，不是激烈的交火中，不是紧急撤退之时，而是凯旋还有几分钟便着陆之际。

【智慧】一时的顺境，往往能蒙住人看前路的双眼。往往也是这种时候，高悬的达魔克利斯之剑就会落下来，辉煌灿烂的现实便成了一场梦。很多时候，顺境的确可以为人们提供良好的环境，为人们通往成功之门提供方便。但同时，一时的顺心往往会消磨人的斗志，会使人们对自己的处境掉以轻心。这时，顺境不再是一柄披荆斩棘的利斧，而是变成那成功之路上的荆棘了。所以说，人时刻都要对自己所处的环境有清醒的认识。不论处于顺境还是逆境之中，保持清醒的头脑才是最重要的。

十、环境的重要

【妙语】也许成功所需要的只是一个良好的环境。

——佚名

【故事】孟子，名轲。战国时期鲁国人（现在的山东省境内）。三岁时父亲去世，由母亲一手抚养长大。

孟子小时候很贪玩，模仿能力很强。他家原来住在坟地附近，他常常玩筑坟墓或学别人哭拜的游戏。母亲认为这样不好，就把家搬到集市附近，孟子又模仿别人做生意和杀猪的游戏。孟母认为这个环境也不好，就把家搬到学堂旁边。孟子就跟着学生们学习礼节和知识。孟母认为这才是孩子应该学习的，心里很高兴，就不再搬家了。这就是历史上著名的"孟母三迁"的故事。

【智慧】环境与成才有着密切的关系，这是无庸置疑的。良好的环境，即所谓"顺境"，有着成才所需要的各种条件，有利于一个人的进步和成长，利于造就人才。反之，恶劣的环境，即所谓"逆境"，处处限制乃至扼杀人们在学习与事业上的努力，就不利于一个人的进步和成长，有时甚至可以把人毁灭。古今中外，这样的事例不胜枚举。为多出人才，快出人才，社会和家庭必须努力为人才的成长创造和提供尽可能好的物质和文化条件。就一个人来说，为实现成才的希望，努力为自己选择较好的环境也是无可非议的。时下，广大青少年，都在尽最大努力迈入名牌或重点学校，就属于这种无可非议的行为。大家所以争相进入，就是因为这类学校设备、师资及其他环境条件优于同类。但具体到一个人来说，要想把成才的希望变成现实，不管身处什么环境，归根结蒂，还要靠自己的主观努力。身处"逆境"，不加倍努力，固然不能成才；即使身处"顺境"，不付出汗水，也同样不能成才。著名数学家华罗庚说，"一分辛苦一分才"。这是至理名言，毛泽东同志说过："外因是变化的条件，内因是变化的根据，外因通过内因而起作用。"这外因指的就是客观外部条件，即环境；内因就是主观自我努力。没有内因的主观发动，外因便起不了什么作用，一个人就不会发生从"不是人才"到"人才"的变化。

十一、不要被环境所困扰

【妙语】不以物喜，不以己悲

——范仲淹

【故事】范仲淹是北宋时期著名的政治家，"庆历新政"的代表人物。谪居邓州之时，他却从容处之，写下"心旷神怡，宠辱皆忘，把酒临风，其喜洋洋"这样的句子。从这句话里，我们不难窥见一种自尊自强的人格魅力，一种淡泊名利的洒脱与机智。《小窗幽记》当中有这么一副对联："宠辱不惊，看庭前花开花落；去留无意，望天空云卷云舒。"一幅寥寥数语的对联，却深刻地道出了人生对事对物、对名对利所应该持有的态度：得之不喜、失之不忧、宠辱不惊、去留无意。做到了如此才能够心境平和、淡泊自然。一个"看庭前"三字，大有躲进小楼成一统，管他春夏与秋冬之意，而"望天空"三字则又显示了放大眼光，不与他人一般见识的博大情怀；一句与卷云舒则更有大丈夫能屈能伸的崇高境界。与范仲淹的不以物喜，不以己悲，实在是有异曲同工之妙，更表现了古人的旷达风流。宠辱不惊，可谓是人类生活中的一门艺术，同时还更是一种明智的人生智慧。

【智慧】人生在世，生活当中有褒有贬，有毁有誉，有荣有辱，这是人生的寻常际遇，无足为奇。古人云："君子坦荡荡。"为君子者，无妨宠亦坦然，辱亦坦然，豁达大度，一笑置之。得人宠信时勿轻狂，千万不要忘记"贺者在门，吊者在闾"；受人侮辱的时候切忌激愤，犹记"贺者在门，吊者在闾"。如此清醒地去面对，就不难达到"不以物喜，不以己悲"的思想境界。做到这样境界的人就能够从容地面对生活和事业的种种考验与磨难，就一定会实现人生的理想。古往今来万千事实证明，对于所有那些成业有所就的人们，没有一个不具有"宠辱不惊"这种极其可贵的品格。

"宠辱不惊，去留无意"说起来容易，然而要想做起来却十分的困难。我们毕竟是凡夫俗子，红尘的多姿、世界的多彩实在令大家怦然心动，名利皆你我所欲，又怎么能够不忧不惧、不喜不悲呢？否则也就不会有那么多的人穷尽一生追名逐利，更不会有那么多的人失意落魄、心灰意冷了。如此看来关键是你如何对待与处理的问题。

　　首先，要明确自己的生存价值，从来功名输勋烈，心底无私天地宽。如果心里面没有过多的私欲的话，又怎么会患得患失呢？其次，要能够认清楚自己所要走的路，得之不喜，失之不忧，不要过分在意得失，不要过分看重成败，不要过分在乎别人对你的看法。只要自己努力过，只要自己曾经奋斗过，做自己喜欢做的事，按自己的路去走，外界的评说又算得了什么呢？不以物喜，不以物悲，才可以用宁静平和的心境写出那洒脱飘逸的诗篇。

十二、不要轻视顺境

　　【妙语】不要轻视顺境。有时顺境比逆境更可能成就一番事业。
　　　　　　　　　　　　　　　　　　　　　　　　——观实智慧

　　【故事】随着越来越多人加入了追星族，那么，影星章子怡大家一定不陌生，她从小喜爱唱歌、演戏，第一次歌唱就得奖，第一次舞蹈就出名，这样的一帆风顺还有人能否认吗？事实证明她的成功中多数是顺境而非逆境。

　　爱迪生12岁的时候，因为喜欢"鼓捣"科学小把戏，被校长误认为贪玩而开除学校。这使爱迪生幼小的心灵受到了很大的打击。然而，她的母亲最了解自己的儿子的兴趣，她不认为儿子的兴许是不务正业。他为儿子创立了良好的条件，给爱迪生开辟了实验室，支持孩子的小科学实验，从而使爱迪生的发明智力得到了充分的发展，终于发明了白炽电灯泡，电报机，留声机等，并发现了热电子发射现象。

　　【智慧】好风凭借力，送我上青云。凭借顺境的好风，我们可以展开成长的双翼，在人生的天际飞得更高，更远。要说那些在逆境中成长成才的伟人，实际上从另一个角度去观察，能发现，其实人们往往忽略了顺境，而是注重那个人比其它人多付出的辛酸。司马迁是汉朝的一个史官，他拥有察看管理汉朝皇家书馆的权利，试问如果他没有那样的环境，它怎样写出真实反映历史的《史记》，凭空捏造？曹雪芹，祖父曾是江宁织造，曾经家财万贯、阅书千卷。所以才可以在书中营造出贾府那豪华奢侈的场面。总之，环境与成才确实关系密切，环境对成才确实重要。可以这样说，没有起码的环境条件，根本不可能出人才。然而，我们却不能得出这样的结论：在顺境中就一定能成才，在逆境（总体条件不好，但仍有一些有利条件）中就一定不能成才。这样认识也是不对的，我们还必须辩证地看待这一问题。事实上，在顺境中也没有成功的人不是也不少吗？家庭为他提供了优越的物质条件，学校为他提供了良好的学习环境，社会也有各种成才的机遇。但是，由于他游戏人生，不愿付出劳动和汗水，最后只能虚度岁月，一事无成。而有的人虽然所处的客观环境较差，不是得天独厚，但由于他能在"逆境"中磨炼意志、发愤图强，却终能获得成功。

十三、逆境证明价值

【妙语】没有风暴，船帆只不过是一块破布。

——雨果

【故事】塞曼小时候读书的自觉性并不高，成绩也一直平平。塞曼的母亲看到儿子的这种表现，心里十分着急。

一天，她把儿子叫到跟前，注视着他的眼睛，神情激动地说：

"儿啊，早知道你是一个平庸无能之辈，我当初真不该在波涛中挣扎……"接着，她向默默呆立的塞曼忆起往事：在塞曼快要降生的时候，家乡突然遭到洪水的袭击，她死里逃生，好不容易才登上了一只小船，塞曼就降生在这只小船上，母亲望着滔滔洪水和刚刚临世的小生命，想起了荷兰人的一句古训：我要挣扎，我要探出头来！

听完妈妈的回忆，塞曼才知道母亲所经历过的艰难，心灵受到强烈的震撼，暗暗发誓要发奋攻读，绝不辜负妈妈的厚望。功夫不负有心人，他终于以优异的成绩受到学校当局的赏识，被学校聘为助教。当他满怀喜悦去见母亲的时候，母亲已身染重病，奄奄一息了。在弥留之际，她用深情的目光注视着塞曼，嘴唇在艰难地颤动着"挣扎，再——挣——扎！"留下这句遗言后溘然长逝。

【智慧】挣扎就是奋斗。挣扎，再挣扎，就是不满足于现状，永远拼搏。塞曼把妈妈的话铭刻在心。他将嵌有母亲遗像的金制小镜框一直挂在胸前。遇到困难和挫折时，他便凝视着母亲的遗像，回想母亲的谆谆教诲，以增加自己克服困难的勇气。塞曼在科学的道路上挣扎，再挣扎！终于攀上了一般人难以企及的高峰，1902年塞曼获得了诺贝尔物理学奖。

十四、坚强的意志

【妙语】伟大人物最明显的标志，就是坚强的意志。

——英谚

【故事】你听过塞蒙·纽康这名字吗？这个人出生于1835年，殁于1909年。在莱特兄弟首次飞行成功前一年半，他说了以下的"名言"："想叫比空气重的机器飞上天，不但不可能，而且毫不实用。"

你知道约翰·莱特福特吗？他不但是个博士，而且当过英国剑桥大学副校长。在达尔文出版《物种起源》这部名著的前夕，他郑重指出："天与地，在公元前4004年10月23日上午9点诞生。"

你晓得狄奥尼西斯·拉多纳博士吗？他生于1793年，殁于1859年，曾任伦敦大学天文学教授。他的高见是："在铁轨上高速旅行根本不可能，乘客将不能呼吸，甚至将窒息而死。"

1786年，莫札特的歌剧《费加罗的婚礼》初演，落幕后，拿波里国王费迪南德四世，坦率地发表了感想："莫札特，你这个作品太吵了，音符用得太多了。"国王不懂音乐，我们可以不苛责，但是美国波士顿的音乐评论家菲力普·海尔，于1873年表示："贝多芬的"第七交响乐"，要是不设法删减，早晚会被淘汰。"

好吧，乐评家也不懂音乐，但是音乐家自己就懂音乐吗？柴可夫斯基在他1886年10月9日的日记上说："我演奏了勃拉姆斯的作品，这家伙毫无天分，眼看这样平凡的自大狂被人尊为天才，真教我忍无可忍。"

有趣的是，乐评家亚历山大·鲁布，1881年就事先替勃拉姆斯报了仇。他在杂志上撰文表示："柴可夫斯基一定和贝多芬一样聋了，他运气真好，可以不必听自己的作品。"

1962年，还未成名的披头士合唱团，向英国戴克唱片公司毛遂自荐，但是被拒绝。公司负责人的看法是："我不喜欢这群人的音乐，吉他合奏已经太落伍了。"

你认识艾伦斯特·马哈吗？他曾任维也纳大学物理学教授，生于1838年，殁于1916年。他说："我不承认爱因斯坦的相对论，正如我不承认原子存在。"

爱因斯坦对以上批评并不在意，因为早在他10岁于慕尼黑念小学的时候，任课老师就对他说："你以后不会有出息。"

严格说来，遭人反对、小看不算坏事，这可以提醒我们争取进步。可是，人身攻击就令人难以忍受了。

就算西方文学的大宗师莎士比亚，也有阴沟翻船的时候。以日记文学闻名的法国作家雷纳尔，1896 年在日记中说："第一，我未必了解莎士比亚；第二，我未必喜欢莎士比亚；第三，莎士比亚总是令我厌烦。"1906 年，他又在日记中说："只有讨厌完美的老人，才会喜欢莎士比亚。"

这位雷纳尔先生爱说俏皮话，他在 1906 年于日记中说："你问我对尼采有何看法？我认为他的名字里赘字太多。"连名字都有毛病，文章如何自不待言。

英国作家王尔德，也以似通不通的修辞技巧，批评萧伯纳说："他没有敌人，但是他的朋友都深深地恨他。"

思想家卢梭 54 岁那年，即 1766 年，被人讽刺为："卢梭有一点像哲学家，正如猴子有一点像人类。"

【智慧】史料斑斑，充分证明了成功人物常受各式各样的攻击与误解。或者反过来说，由于凡人所见不深，他们常错看了有价值的人物、作品及行为——且慢，另外一个可能是，人类常以成败论英雄，当英雄尚未成功或是失败了，英雄就是失败者；当失败者成功了，没有人愿意相信他是失败者。但是，最后获得成功的人们，无论在怎样的误解下，都能坚持自己的想法，从不随波逐流，而是让时间证明一切。

十五、困境中得生命更显美丽

【妙语】人的生命似洪水在奔流，不遇着岛屿、暗礁，难以激起美丽的浪花。

——奥斯特洛夫斯基

【故事】海伦·凯勒从小双目失明，又聋又哑，她靠用手触摸、用嘴尝味、用鼻嗅闻，来熟悉周围黑暗沉寂的世界。你怎么去教一个听不见的人？她不会说话，你怎么知道她需要什么？她既看不见又听不见，可是她到底是怎样知道你在哪儿的？海伦凯勒在精神上不屈服于这种清冷生活。由于连诅咒和抱怨都不可能，她只好用身体的剧烈晃动对父母和周围的人发脾气，来说明她心灰意冷的心境。看来她命中注定要在与世隔绝的无声世界里绝望地度过一生。

可是，一个卓越非凡的年轻女子闯进了她的生活，她就是安妮·沙利文。海伦·凯勒的父母雇用了她，让她来排除女儿的孤独、抚平她的怒气，因为这一切已让他们心灰意冷、垂头丧气。安妮·沙利文完全意识到自己的困难，也意识到自己的任务几乎毫无希望可言，可是她仍暗下决心去教这个孩子，让她同自己无法到达的世界进行交流。这是同明显不可能的事情进行的一场厮杀，其挫折和失望能让最坚强的人气馁、却步，可是她却默默忍受下来，而且数月一直如此。她只是拒绝失败。

突然有一天，当太多的失望令人灰心丧气，而希望好像永远不会降临时，海伦发出了一声表示理解的声音，这一切都出乎人们的意料之外。她在做出第一个反应后，就像蓓蕾一样开放了。海伦凯勒的潜能被心中的另一个信仰所挖掘而开始开发，她进展缓慢、饱受痛苦，有时停滞不前。但她继续努力，终于成为世界各国尊敬的作家、演说家和坚毅勇敢的光辉榜样。她本可以轻易地成为被安慰者，去"诅咒上帝然后死去"，可是她却有不同的选择，她要战胜自己的缺陷而不向它让步屈服。

【智慧】海伦·凯勒的故事带有十分的传奇色彩，它震颤着人的心灵，故事中包含着人性中最美好的品格和对生活的渴望、生命力的顽强。而从沙利文老师身上，我们也看到了什么是将不可能变为可能，什么是创造奇迹，什么是平凡中孕育伟大。

十六、听取敌人的意见

【妙语】敌人对我们的意见，比我们对自己的看法更接近真实。

——法国

【故事】在巴黎有两位画家都享有盛名。这两人不相往来，却又密切注意彼此的一举一动。两人谁也不服对方。

两人时常在媒体上互相指责批评："他最近的一部作品，布局一点不协调，简直就是涂鸦，"要不然就是"他的画要么苍白无力，要么乱七八糟，不知所云！"

一次，其中一位画家为了赶上一个国际大展，在工作室中夜以继日地连续画了三天三夜，除了绘画之外，什么都不闻不问，甚至连吃饭睡觉都在工作室里。

就在作品快要完成的时候，有一位朋友来看他，这时画家正在修饰作品中人物的表情。朋友刚要开口，还没说出半个字，画家忽然大叫出声："我那个死对头，一定又会在这里鸡蛋挑骨头的！"

朋友不解地问他："你既然知道他会批评这个地方，为什么不把他画好呢?"

画家微微一笑回答:"我就是故意为了让他批评才这么画的,如果他不再批评,我的创意也就没有了。"

朋友这才告诉画家他原本要说的:"可是,他昨天因一场车祸去世了。"

画家手里的画笔一下子滑落地上。

从此,这个画家再也没有独具创意的作品出现了。

【智慧】敌人的存在让我们可以看清楚自己,生活中缺少了的对手,就好比在大海上航行却失去灯塔的指航。

十七、困难像弹簧

【妙语】困难是欺软怕硬的。你越畏惧它,它愈威吓你。你愈不将它放在眼里,它愈对你表示恭顺。

——宣永光

【故事】一群刚刚毕业的航海系学生在一艘货轮上实习,恰巧在海上遇到台风,一下子恶浪滔天,阴云翻滚。学生们没见过这种场面,十分惊恐。

经验丰富的船长对他们说:"在海上遇到台风是很平常的事,这个时候,应该关紧门窗,用最强有力的速度迎向台风,因为这距离是最短,也只有这样你才能尽早脱离台风的威胁。"

学生们不解地问道,"难道不能掉头吗?""绕过它不行吗?"

船长笑了笑,接着说:"你想掉头,但是你的速度根本没有台风快,它一下子就追上来了;转弯绕开它,当船的侧面迎着台风时,巨浪一卷,船就翻了。"

【智慧】就像我们的学习榜样雷锋所说的，困难像弹簧，你弱它就强。当我们遇到危机和困难的时候，逃避不是办法，越是逃避，困难就会显得越发坚不可摧。惟有全力以赴、迎难而上才是上策。

十八、战胜恐惧

【妙语】勇敢并非心中没有恐惧，而是战胜了恐惧。

——尼尔森·曼德拉

【故事】尼尔森·曼德拉（Nelson Mandela）：人权运动领袖；因从事反种族隔离运动而遭 27 年监禁；1993 年诺贝尔和平奖得主；1994 – 1999 年间当选为南非第一任自由选举的总统。

尼尔森·曼德拉（Nelson Mandela）："我学习到，勇敢并非心中没有恐惧，而是战胜了恐惧。""看不见的创伤远比看得见的能被医治的创伤更加令人痛苦。我学习到，要羞辱一个人就让他承受原本不应他承担的残酷命运。我学习到，勇敢并非心中没有恐惧，而是战胜了恐惧。我已经记不清有多少次心中暗藏恐惧，但我将恐惧藏在勇敢的面具之下。勇敢的人并非感觉不到害怕，而是他战胜了恐惧。"

【智慧】哪儿有心怀美好愿望、为了共同的美好未来、超越差异而聚集起来的人们，哪儿就有和平、公正的解决争端的办法，即使面对的是最棘手的问题。

十九、树立正确的态度

【妙语】一个人如果态度正确，便没有什么能够阻拦他实现自己的目标；如果态度错误，就没有什么能够帮助他了。

——〔美〕托马斯·杰斐逊

【故事】拿破仑·希尔曾讲过这样一个故事，对我们每个人都极有启发。

塞尔玛陪伴丈夫驻扎在一个沙漠的陆军基地里。她丈夫奉命到沙漠里去演习，她一个人留在陆军的小铁皮房子里，天气热得受不了——在仙人掌的阴影下也有华氏 125 度。她没有人可谈天，只有墨西哥人和印第安人，而他们不会说英语。她非常难过，于是就写信给父母，说要丢开一切回家去。她父亲的回信只有两行，这两行信却永远留在她心中，完全改变了她的生活：两个人从牢中的铁窗望出去，一个看到泥土，一个却看到了星星。

塞尔玛一再读这封信，觉得非常惭愧，她决定要在沙漠中找到星星。塞尔玛开始和当地人交朋友，他们的反应使她非常惊奇，她对他们的纺织、陶器表示兴趣，他们就把最喜欢但舍不得卖给观光客人的纺织品和陶器送给了她。塞尔玛研究那些引人入迷的仙人掌和各种沙漠植物、物态，又学习有关土拨鼠的知识。她观看沙漠日落，还寻找海螺壳，这些海螺壳是几万年前，这沙漠还是海洋时留下来的……原来难以忍受的环境变成了令人兴奋、留连忘返的奇景。

是什么使这位女士内心有这么大的转变？

沙漠没有改变，印第安人也没有改变，但是这位女士的念头改变了，心态改变了。念头之差使她把原先认为恶劣的情况变为一生中最有意义的冒险。她为发现新世界而兴奋不已，并为此写了一本以《快乐的城堡》为名的书。她从自己造的牢房里看出去，终于看到了星星。

【智慧】追求成功的过程往往不是一帆风顺的，在人生奋斗的征途中，失败常常与人作伴。但强者总是不言失败，而是"屡败屡战"，最终取得成功。反之，如果有人一遇到困难便中途退却，一遭到挫折就灰心丧气，轻易放弃自己的追求，那他就距离成功越来越远了。很多时候，人最大的敌人就是他自己。面对来自冰河对岸的召唤，我们首先要摆脱内心的羁绊，放开前进的脚步。如果胆怯与畏缩驱逐了起码的理性判断与决策，我们将永远与成功无缘。要相信自己是一支箭，只要让这支箭得到磨砺，让它变得坚韧、锋利，它就一定可以百步穿杨，百发百中。默默地吃苦耐劳，在自己应走的轨道上前进，就一定可以看到成功的希望。正如黎明的阳光终会出现，晴朗的日子一定会到来一样。法国作家勒农说："你不要焦急！我们所走的路是一条盘旋曲折的山路，要拐许多弯，兜许多圈子，我们时常觉得好似背向着目标，其实，我们总是越来越接近目标。"每天给自己一个灿烂的笑容，然后对自己说"我相信，我可以！"过程比结果更为重要，如果你做到了，那么你就赢在了成功的起点，相信总有一天，你也一定可以与胜利会师、与梦想握手、与成功拥抱。

二十、福祸相依

【妙语】塞翁失马，焉知非福。

——俗语

【故事】从前，印度有一个很会治理国家的国王，他有一个非常聪明的丞相。每当国家有什么重要大事的时候，他都会谦虚地向丞相请教。但无论国王问什么事情，这个丞相总爱说"好"。这令国王非常生气，他要找个理由治治丞相的这个毛病。

有一次，国王在打猎的时候，不小心被猎器斩断了一截拇指，他连忙问丞相："我的拇指被斩断了一截，好不好？"丞相不假思索地回答："好！国王陛下。"这个回答使国王满腔怒火，他以落井下石为罪名将丞相关了起来，并问丞相："现在你被关在牢房里了，好不好？"丞相毫不犹豫地回答："好！"国王说："既然你觉得好，便在牢房里多住几天吧！"

过了两天，国王又想外出打猎了，他不想释放这个倔强的丞相，只好一个人单独出发了。没有熟悉地形的丞相做伴，国王很快迷了路，并且掉进了一个捕捉动物的陷阱里。

这个陷阱是当地的一个食人族部落挖的。当天晚上，食人族的几名大汉把赤身裸体的国王绑在了一个十字架上，然后堆满了木材，准备吃烤人肉。一名巫师引导着众人举行了祭礼，他把清水喷到国王身上，逐步检查他身体的各个部位。当他检查到国王的手指时，这个巫师开始摇头叹息。检查完毕，巫师向酋长报告说："我们族人只吃完整的动物，这个人断了一根指头，是个不祥之物，我们不能吃他。"酋长不得已，只好放了国王。

国王白白捡回了一条命，非常激动，回去后第一件要做的事情就是到监牢里看望丞相。他流着泪说："现在我明白了你为什么说我的断指是件好事，它救回了我一条命，我错怪了你。"稍后，国王又心有不甘地问丞相，"我把你关在牢里十多天，好不好呢？"

丞相回答："好，很好！"

"为什么呢？"国王问。

"我尊敬的陛下，如果您不抓我进监牢，我一定会随从您去打猎，我们会一起被食人族抓走。您可以因为断指而保全性命，但我必死无疑，因为我很完整呀！"

【智慧】每件事都有它的两面性，好和坏往往是随时可以转换的。人们喜欢对同一件事各持己见，而且往往不是一切都好，就是一切都坏。其实，所有的事情既可以是坏的也可以是好的，关键要看你怎么去看待它们。一人追求不舍的事可能是另一人避忌惟恐不及的。以一己之见去衡量一切，是无可救药的愚蠢。完美并不意味着仅仅取悦一个人：个人的品位丰富多彩，如同人的脸各有不同一样。世界上没有全然无人喜欢的东西，不要因为一件东西不能取悦于某些人你就对之看法不佳，总会有其他人欣赏它的。当然他们的喝彩会引来另外一些人的攻击。事物是否令人满意的标准是是否深孚众望。人生一世，不能只听从一种意见，跟从一种风俗，或自限于一种行为规范。

二十一、发现事物的另一面

【妙语】幸运并非没有恐惧和烦恼；厄运也绝非没有安慰和希望。

——培根《论厄运》

【故事】一个海难的幸存者漂流到一个荒芜人烟的小岛。他不停地祈祷，希望有船只来搭救他，可是两天过去了，连船的影子都没看见。不得已，他好不容易在岛上建了一个简易的窝棚安身，早晨到岛上的树林里找食物充饥。一天中午，正当他用衣服兜着一大兜果子回来时，却发现他的窝棚起火了，浓烟滚滚。他的心血全被那熊熊的火焰吞没了。

可怜的人跪在熊熊烈火旁，听着他所拥有的一切被燃烧的噼啪响声，不仅仰天长叹："老天啊，你为什么要这样对我?"

他沮丧地坐在海边的沙滩上，一直到黄昏。在夕阳的余晖下，一艘轮船的轮廓越来越清晰了。

这个人获救了，因为那艘船上的人看到了岛上升起的浓烟，并把它当成了求救信号。

【智慧】人的一生会遇到很多次的偶然，有的给你带来不幸，有的给你带来好运。不幸也好，好运也罢，我们都要坦然处之。"不以物喜，不以己悲"才是人生的最高境界。就像塞翁丢失了一匹马，但又怎么能知道这不是一件好事呢?

二十二、逆境使人不至消沉

【妙语】一个人总是有些拂逆的遭遇才好，不然是会不知不觉地消沉下去的，人只怕自己倒，别人骂不倒。

——郭沫若

【故事】一个农民，初中只读了两年，家里就没钱继续供他上学了。他辍学回家，帮父亲耕种三亩薄田。在他 19 岁时，父亲去世了，家庭的重担全部压在了他的肩上。他要照顾身体不好的母亲，还有一位瘫痪在床的祖母。八十年代，农田承包到户。他把一块水洼挖成池塘，想养鱼。但乡里的干部告诉他，水田不能养鱼，只能种庄稼，他只又有把水塘填平。这件事成了一个笑话，在别人的眼里，他是一个想发财但有非常愚蠢的人。听说养鸡能赚钱，他向亲戚借了 500 元钱，养起了鸡。但是一场洪水后，鸡得了鸡瘟，几天内全部死光。500元对别人来说可能不算什么，对一个只靠三亩薄田生活的家庭而言，不啻天文数字。他的母亲受不了这个刺激，竟然忧郁而死。他后来酿过酒，捕过鱼，甚至还在石矿的悬崖上帮人打过炮眼……可都没有赚到钱。35岁的时候，他还没有娶到媳妇。即使是离异的有孩子的女人也看不上他。因为他只有一间随时有可能在一场大雨后倒塌的土屋。娶不上老婆的男人，在农村是没有人看得起的。但他还想搏一搏，就四处借钱买一辆手扶拖拉机。不料，上路不到半个月，这辆拖拉机就载着他冲入一条河里。他断了一条腿，成了瘸子。而那拖拉机，被人捞起来，已经支离破碎，他只能拆开它，当作废铁卖。

几乎所有的人都说他这辈子完了。

但是后来他却成了我所在的这个城市里的一家公司的老总，手中有两亿元的资产。现在，许多人都知道他苦难的过去和富有传奇色彩的创业经历。许多媒体采访过他，许多报告文学描述过他。但我只记得这样一个情节：

记者问他："在苦难的日子里，你凭什么一次又一次毫不退缩？"

他坐在宽大豪华的老板台后面，喝完了手里的一杯水。然后，他把玻璃杯子握在手里，反问记者："如果我松手，这只杯子会怎样？"

记者说："摔在地上，碎了。"

"那我们试试看。"他说。

他手一松，杯子掉到地上发出清脆的声音，但并没有破碎，而是完好无损。他说："即使有10个人在场，他们都会认为这只杯子必碎无疑。但是，这只杯子不是普通的玻璃杯，而是用玻璃钢制作的。"

于是，我记住了这段经典绝妙的对话。这样的人，即使只有一口气，他也会努力去拉住成功的手，除非上苍剥夺了他的生命……

【智慧】人在通往成功的道路上会遇到许多困难，这些困难就像尖利的石头，如果你脆弱同一只普通玻璃杯，困难会让你体无完肤；如果你坚强如一只钢化杯，那么困难也许会在你身上留下痕迹，但你总有一天会以完整的姿态来到成功的彼岸。

二十三、扼住命运的咽喉

【妙语】我要扼住命运的咽喉。

——贝多芬

卓越的人一大优点是：在不利与艰难的遭遇里百折不挠。

——贝多芬

苦难是人生的老师，通过苦难，走向欢乐。

——贝多芬

【故事】1824 年 5 月，作曲家贝多芬《第九交响曲》，正在维也纳初次公演。耳聋的贝多芬身穿燕尾服、黑绸的齐膝裤，站在乐队的前面打着节奏，而全体吹奏者却依照站在贝多芬背后的翁姆劳富的指挥吹奏。当最后强有力的 D 大调和弦声还没有消音的时候，大厅的观众中爆发出一阵经久不息的暴风雨般的喝彩声。喝彩声与掌声之强烈，是出乎不测和无与伦比的。歌唱家和乐队吹奏者们也都不由自主地加入了喝彩与鼓掌。听众对于贝多芬的进场一共报以五次强烈热闹的掌声。依照礼仪，对皇室也只用三次鼓掌礼。但是，贝多芬对此毫无发觉，因为他什么也听不见。这时，这位红极一时的歌手走进贝多芬，亲热地拉着他的手转过身去，他这才看到了这个激动人心的场面。他向着人群深深地鞠躬称谢，这位伟大的作曲家，自二十八岁那年得了耳病，至五十七岁逝世，中间二十多年的日月，都是在与可怕的聋疾苦战。对于命运的挑战，他呼喊到："我要扼住命运的咽喉"他的大部分作品都是产生在这个期间，直到彻底聋了，他仍继续作曲，终于写成最出名的作品《第九交响曲》。当死神悄然地逼近他的时候，他口中这样自语："唉！我只写了几个音符！"

【智慧】人在处于危难时，没有比勇敢的心更好的伙伴了。人心过于脆弱，则只能用最靠近它的那些器官来支撑。自立自强的人更能承受人生的磨难。千万不要向厄运低头，否则命运之神会变本加厉、气焰嚣张。那些患难之人既不能自助，又不懂得如何忍受，结果是苦上加苦。那些有自知之明的人则可以通过深思熟虑来克服这些弱点。明慎之人能征服一切，甚至星辰。

二十四、让一切都顺其自然

【妙语】如果无法改变，就让一切都顺其自然吧。

——英谚

【智慧】顺其自然，特别是当你和其他人相处，掀起巨大的风浪时。在我们一生中，将会面临许多狂风暴雨，这时，明智的做法就是在风浪消退之前找一个安全的避风港。匆忙的应对往往会让事情变得更糟。不论是天道还是人道，让一切顺其自然，这是最明智的策略。知道挑选合适的时间开药方的医生是明智的医生，有时候，不治疗反而会产生奇效。使尘世间风波得到平息的良方就是置身事外。现在的暂时低头，能够为日后的征服打下基础。想要弄脏一条河流非常容易，但是想让浊水变清，却不是我们拼命折腾就能做到的，我们只能不去动它，任其变清。顺其自然是平息混乱的最好方法。

二十五、知所趋避

【妙语】 失运之时，知所趋避。

——古语

【智慧】 一个人不可能永远拥有好运，当他霉运当头的时候，所有的事情都会遇到阻碍。即使你反复变换做事方法，霉运却依然如故。所以要想知道你现在的运气如何，试验几次就足够了。人的才智也是如此，能够洞察一切的人几乎不存在，没有人能始终保持清楚明晰的思路，甚至连写一封文字优美的信件也要依赖于运气。完美只在某个特定时刻出现，即使美丽也不是时时存在的。有的人不能把握好谨慎的状态，不是过于谨慎，就是谨慎不足。不论什么事情，都只能在恰当的时间表现出完美。这就是为什么有些人在某一时段事事不顺，在另一个时段却事事如意的原因。有些时候，你会发现自己思路清晰、心气调和，这时你就应该抓住机会，不要轻易的浪费。通过一件事是否顺利来判断自己一天是否顺利，这是不明智的做法。

二十六、轻看名利

【妙语】 非淡泊无以明志，非宁静无以致远。

——诸葛亮

【故事】一个渔夫在海边晒太阳，离他不远处另一个晒着太阳的人，一个在此度假的富翁。富翁问他："你怎么能这样无所事事，天天躺在这里晒太阳？"

富翁说："你应该出海打鱼挣好多钱。"

渔夫接着问："挣好多钱后干什么？"

富翁得意地说："挣好多钱后，你可以买房子置地，享受荣华富贵。"

渔夫又问："享受荣华富贵后干什么？"

富翁以一种优越感十足的口气说："那你就可以像我一样天天在这里晒太阳了。"

渔夫笑问："那我现在在干什么？"

【智慧】人生一世，紧握拳头而来，平摊双手而去，有多少东西永远也不可能属于你，生活中鱼和熊掌都能兼得的时候很少。紧握双手，肯定是什么也没有，打开双手，至少还有希望，每一次放弃是为了下一次得到更多的回报。放弃是一种超脱，是一种气度。

俗话说："鸟在深林筑巢，所栖不过一枝。"人生在世，钱财名利之类的身外之物犹如过眼云烟，生不带来，死不带去，要那么多又有什么用呢？为人处世，潇洒人生，无处无地，无时无刻都需要学会放弃。帮人解难，助人为乐，需要学会放弃；面对成功与喜悦，需要学会放弃；面对因难与挫折，也需要学会放弃；面对物欲与名利，更需要学会放弃。只有放弃了脆弱、负重、虚荣、奢望，才能够风和日丽，海阔天空，一生过得快乐而充实，过得不平凡而有价值。

二十七、不要把富贵想得太重

【妙语】富贵非吾愿，帝乡不可期

——陶渊明

【故事】南朝梁时有一位著名道士叫陶弘景，住在茅山，号称"山中宰相"。皇帝和廷臣们对他高度尊重，常常去信咨询国政大事，时间久了，皇帝嫌书信往来不便，就很策略地问他山中有什么，意在请他离开荒山野岭，入朝为官。陶弘景回复皇帝说："山中何所有？岭上多白云。只可自怡悦，不堪持寄君。"朝堂富贵远不如山野闲逸更有吸引力。这位道士如果想要富贵的话，实在是太容易，看那多少人梦寐以求的富贵反而不如山中白云，确实恬淡潇洒得很。

【智慧】荣华富贵就如一面镜子，要不你赤裸裸地站在它面前，要不你只能摒弃它。然而，在它面前，我们看到更多的是人性。

每个人都有自己的想法，或向往荣华富贵，或安于清贫乐道。荣华富贵并非唯一的幸福，就如陶渊明，一本书、一壶酒，足以令他尽享所乐，不为任何功名利碌而烦忧。没有荣华富贵的滋润，五柳先生照样写出了广为传诵的《桃花源记》；还有大诗圣杜甫，虽然生活拮据，没有任何荣华富贵的存在，却不能阻止他在《茅屋为秋风所破歌》中表现出的忧国忧民的慷慨精神。难道只有荣华富贵才能主宰一切吗？答案是否定的。

然而，荣华富贵并不是一个人走向成功的绊脚石。李白也想得到荣华富贵，但他把这种执着的追求化成一种境界，最终转变成对诗的诠注；孟浩然的"坐观垂钓者，徒有羡鱼情"，也把他渴望得到荣华富贵，为国报效的情绪表现得淋漓尽致。荣华富贵虽不能主宰所有，但它却能在一定方面上对人、对事起到极大的促进作用。

每种事物都有它的两面性。荣华富贵在刺眼的妖艳下也表现出了单纯的一面。克服诱惑是一种生活态度，而怎样利用它而转向成功却是一种能力。

二十八、保持自己的品格

【妙语】不为利动，不为威劫。

——黄兴

【故事】一只章鱼的体重，可以达到70磅。但是，就是这样的一个大家伙，它的身体却是非常柔软的。它柔软到几乎可以将自己塞进任何它想去的地方。因为没有脊椎，它们甚至可以穿过一个硬币大小的洞。它们最喜欢做的事情就是：将自己的身体塞进海螺壳里躲起来，等到鱼虾走近，就咬破它们的头部，注入毒液，使其麻痹致死，然后美餐一顿。它几乎是海洋里最可怕的生物之一。

但是，渔民们却有办法制服它。他们把瓶子用绳子串在一起沉入海底，章鱼见到瓶子，都争先恐后地往里钻，不论瓶子有多小，多窄。结果，在海洋里一时无可匹敌的章鱼，成了瓶子里的囚徒。

【智慧】是什么囚禁了章鱼？是瓶子吗？不。囚禁章鱼的，是它们自己。遇到诱惑它们便不顾一切地扑过去，哪怕那是最狭窄的路、最黑暗的死胡同。

我们的思想也是一只章鱼，遇到苦恼、烦闷、失意、诱惑的瓶子，请注意减速绕行。因为在广阔的海洋里，有更多值得争取的东西。否则，被囚禁的是我们自己。

二十九、不要受外界影响

【妙语】举世而誉之而不加劝，举世而非之而不加沮。

——庄子

【智慧】天下的人都称赞他也不更加得意，天下的人都责备他也不更加沮丧。《天地》中还有几句话可以相互说明："非其志不之，非其心不为。虽以天下誉之，得其所谓，謷然不顾；以天下非之，失其所谓，傥然不受。天下之非誉，无益损焉，是谓全德之人哉！"不合乎他的志向的就不赴，不合乎他的心愿的就不做。虽然举世赞赏他，符合他的意思，他也傲然自得而不顾；天下人都非难他，不符合他的意思，他漠然不接受。世间损益对他并无损益，这是道德完善的人。

一个有德之人、有志之士，必有独立完整的人格，从不受外在因素左右。"也无风雨也无晴"，"一蓑烟雨任平生"，"不管风吹浪打，胜似闲庭信步"，"愿乘长风破万里浪"，向着心中的理想目标坚定奔去。老子说："圣人被褐怀玉。"外面穿着粗布衣服，怀内却揣着美玉（"道"），德有所长而形有所短，贫而乐道；孔子说："有杀身以成仁，无求生以害仁。"为了自己的最高理想，不惜抛头颅撒热血，以身殉道；《易传》："困，君子以致命遂志。""明夷，内文明而外柔顺，以蒙大难，文王以之。利艰贞，晦其明也，内难而能正其志，箕子以之。"时穷节乃见，板荡识诚臣，越是蹇坎困屯之时，越是信仰坚定，不惜舍命以成志。昏君殷纣王在上，文王被拘囚于羑里，箕子佯狂，韬光养晦，难中守正；孟子说："生亦我所欲也，义亦我所欲也，二者不可得兼，舍生而取义者也。""得志与民由之，不得志独行其道。富贵不能淫，贫贱不能移，威武不能屈，此之谓大丈夫。"敢于独行其道，不惜舍生取义，富贵贫贱威武不能移其志节；庄子说："不为轩冕肆志，不为穷约趋俗。"不因高官厚禄的诱惑而放纵自己，松懈志向，不因穷困简约而趋炎附势，随波逐流。"廉者不饮盗泉之水，志士不食嗟来之食。"伯夷叔齐采薇而食，宁肯饿死首阳山上，也不食周粟，以全其臣节。

三十、顺应潮流

【妙语】你一个人，与社会潮流对抗，这不是扒着眼照镜子自找难看吗？

——莫言

【故事】一只公鸡早晨叫早，主人起来后，把它提出来杀了。

第二天早上，又有一只公鸡叫早，又被主人杀了。邻居看见了，觉得奇怪，便问他："公鸡叫早是它的天职，你把它杀了干吗？"

"我需要的是让母鸡生蛋的公鸡，不需要它叫早，再说谁让它那么早就叫的，我起的晚，它那么早叫，反倒吵着我睡觉。"他说。

"你就不能早点起来？也不能想点别的办法吗？"邻居又问。

"我几十年都这样了，难道我还会为了公鸡而改变？别的办法太麻烦，杀了它一了百了。"他一边说一边用脚踢着还在地上扑腾的公鸡。

邻居摇摇头回去了。

他依然每天杀公鸡，直到一只都没剩下。

【智慧】往往大人物只需做出一点点的让步就可以解决的矛盾，却要小人物付出巨大的代价甚至生命。如果你是一只"公鸡"，那就试着迟点叫早或者干脆别叫了吧!

三十一、不要自视甚高

【妙语】我们不要把眼睛生在头顶上,致使用了自己的脚踏坏了我们想得之于天上的东西。

——冯雪峰

【故事】两个运动员到野外去探险,一个是跳远冠军,一个是游泳冠军。他们在山上遇到了一道几米宽的沟,要继续前进只有跳过去或者多行一公里路绕开它。游泳冠军觉得跳过去没有把握,从小路绕道而过;跳远冠军认为跳过这沟没有问题,于是他奋力起跳,但是他差了那么一点点,没有跳过去,不幸掉到深沟里,把腿摔折了。他困在沟里,大声呼喊,游泳冠军听到呼救声后赶来,一时也没有办法救他上来。最后只好由游泳冠军去找人救援。

半路上,游泳冠军被一条水流汹涌的河流拦住前进的道路,游泳运动员想:我身为游泳冠军,有什么样的河流能拦住我。于是纵身便跳进了河里。由于赶了很远的路,他已经很疲惫了,波涛翻滚的河水让他找不到一点在游泳池中驰骋的感觉。但他不愿退缩,仍挣扎着前进,一个水浪打了过来,他失去了控制,被卷入旋涡……

游泳冠军再也没有能浮出水面;跳远冠军也永远地被困在了沟底。

【智慧】太过于自信,就会迷失自己。强项和优势并不是在任何时候,任何情况下都让你成功。

强项就好比对一个人有利的顺境,而弱项就是对一个人不利的逆境。但是,在遇到问题时,一旦当你失去了理智,顺境也会变成逆境，纵然强项再强，也会变成你的弱项。

所以我们不论处在怎样的化境中，我们都要谨慎并理智地面对生活，不要忘乎所以。

三十二、不要比上司更优秀

【妙语】不要比上司更优秀

——《智慧书》

【智慧】比自己的上司更优秀，这不仅是一件很愚蠢的事情，而且还会产生致命的后果，因为没有人喜欢别人比自己更吸引人的注意。那些自以为很优秀的人总是会招到上司的憎恨，所以一个人应该学会掩饰自己的优点。举个例子，如果你相貌姣好，完全可以用其他的缺陷来加以掩饰。你在运气、秉性、气质方面超过别人，大多数人都不会在意，但是没有人愿意在智力上被别人超越，尤其是那些位高权重之人。智力是人格属性之王，对其的任何冒犯都是犯下了滔天大罪。身为上司，自然希望在处理事情时能表现得比别人耀眼，他们喜欢别人辅佐，但却不喜欢被别人超越。你如果向他们提出建议，应该表现得好像是他们偶尔忘记了，而不是因为你的解释才使他人们理解。如果你想明白其中的奥秘，就请观察天上的星辰：它们也有光亮，却不敢与太阳争辉。

三十三、命运是自己决定的

【妙语】人们似乎每天在接受命运的安排，实际上人们每天在安排着自己的命运。

——佚名

【故事】有一对夫妻养了一只狗，夫妻也经常带着它出去散步，非常喜欢它，狗也很尽责，有生人来根本不让进门。

后来这对夫妻有了个儿子，开始他们怕狗会伤着儿子，想把狗送走。谁知过了一段时间，好象狗比他们还更喜好他们的儿子，有时甚至学主人的样子推着摇篮哄小家伙睡觉，俨然一个小保姆！两夫妻就放心了，他们经常出去买菜或者办事都让狗独自看着儿子。回来时狗总是安安静静地呆在摇篮旁，他们相信这条忠实的狗。

一次，夫妻去临近的一个城市办事，谁知办完事回来的路上遇上高速路上塌方，被堵在高速路整整一个晚上。他们想着儿子，还担心会饿到狗。终于等到通车已是第二天中午，急忙赶回家，刚打开门就发现地上一些血迹，发疯似的进去一看，儿子已不在摇篮里，周围都是血迹，狗从里屋跑出来，满嘴和身上都是血迹。他们就这样呆呆地看着这一切，半天回不过神来。突然男主人回过神来，从厨房拿出一把菜刀抓住狗，拖到院子里。他的心里满是被仇恨燃烧着，毫不犹豫地将刀落下，狗一声不吭地倒下了。

忽然，突然从里屋传来婴儿的哭声，他们回过神来，赶紧跑进去一看，儿子正好好地躺在床上刚醒。他们在家里搜索了一会，终于在外面的大床下发现一条蛇，被咬得七零八落，到处都是血。原来，当狗发现这条蛇对儿子有威胁时，和蛇展开搏斗，把蛇咬死，保护了儿子。他们这才想起为什么狗的嘴上和身上都是血，不禁抱着儿子跑到狗的尸体旁痛哭失声，痛恨自己为什么不把事情看清楚，可是大错已铸成，他们只好把狗拿到郊外埋了，为它立了块碑，上面写着"义犬之墓"。

【智慧】这是一个悲伤的故事，但它告诉我们，行事时反复思量，这样才能确保安全稳妥。尤其是在没有把握的时候，你必须花费大量的时间用来改善你的处境或做出让步，直到能够找出新的依据来证明并确定你的判断，以免铸成大错。

三十四、等待与希望

【妙语】人类的一切智慧都是包含在这四个字里面的："等待"和"希望"。

——大仲马

【故事】乌拉圭丛林里有一种五趾巨蛙，这种蛙粗腿、宽嘴、体长逾20厘米，身体有保护色，蜥蜴、老鼠、鸟类都可能成为它的美餐，它算得上是丛林中的强者。更值得一提的是，这种巨蛙还能捕蛇。按理说，蛙应该是蛇的美味，可蛇怎么成了蛙的美餐呢？

一名丛林考察人员对巨蛙捕食进行了深入的观察。他发现，巨蛙捕食的时候，总是一声不吭地、静静地趴在草丛中。当猎物从它身边走过时，只见巨蛙猛一跃，张开大口咬住猎物的脑袋，并用四肢牢牢箍住猎物。不多久，猎物就因严重缺氧而窒息死亡，随即一阵吞咽，巨蛙捕食一般都是这个过程。可通过细致观察，这名队员发现巨蛙捕蛇却有几点不同：一是蛇从巨蛙的身后向前游动的时候，巨蛙从不出手，它只吃迎面而来的蛇；二是巨蛙捕获的蛇通常小于一米，再长的蛇它不捕；三是巨蛙捕蛇的地方，一般都是在灌木丛下。后来，这名队员对这三点进行了一下分析，他认为巨蛙只捕迎面而来的蛇，是因为它可以一口吞下蛇头，一招制敌；只捕一米以下的蛇是因为太大的蛇它吞不下；等在灌木丛下，是因为蛇被吞下后要缠绕蛙，可有了灌木丛，蛇身往往缠在树枝上，经过观察，确实印证了他的答案，许多蛇最终死死缠住了树枝，而没有缠到巨蛙。

【智慧】善于等待的人从不慌张行事，更不会受到情绪的控制。一个人要想控制他人，就要先学会控制自己，在到达机会的中心地带之前，你得先经过其外围。明智的等待会使成功变得更加牢靠，使重要而秘密的事最终开花结果。时光老人的拐杖要比赫拉克勒斯的铁棒还管用。上帝不是用铁腕来惩罚人，而是用时间。有句俗语精妙的概括了这个道理："只要给我时间，我能以一敌二。"对于能够耐心等待的人，命运总是会给予他双倍的奖励。

三十五、知己知彼，以静制动

【妙语】知己知彼，以静制动。

——俗语

【故事】在一所大学里，小王是农村来的，室友小郑则是城里人，因此小郑常讥笑小王不如自己聪明，并说自己无论哪一方面都比小王强，同学们故意说不信。

"不信，我敢和他打赌！我们相互提问，若有一方不知答案，就付五十元钱。"小郑有些急了，沉不住气，大叫道。

小王则说："既然你们城里人比我们乡下人聪明，这样赌我要吃亏。要是我问，你不知道你输我五十元钱；你问了，我不知道，我输给你二十五元钱。你看怎么样？"

"就这样吧！"小郑自恃见识广，爽快答应了。

小王问道："什么东西三条腿在天上飞？"

小郑答不上来，输了五十元钱。随后，他也向小王提出了这个问题。

"我也不知道。"小王老实承认，"这二十五元钱给你。"

【智慧】人生在世，本来就是一场善恶之争。狡诈者的武器不过是种种心计，示意于此，其志在彼，所谓醉翁之意不在酒。假装瞄准之状，或者煞有介事地佯攻一番，虚晃一招，实为重击；假意专注一事，而图谋人未曾预见之处。有时候看似不经意流露出自己的用心，以博得他人的注意与信任，目的在于在适当的时机反其用心，突出奇兵而制胜。那些明察秋毫的才智之士往往能静观细察，防伪于始，慎重伏击，充分了解其张扬的表面背后隐藏的意图，当下识破其虚伪的勾当。明智的人常常置对方第一意图于不顾，引出其第二意图，甚至第三意图。那些玩弄诡计的人一旦看见自己的虚招败露，便会掩饰得更精更深，甚至以吐露真言来蒙骗他人。他们改弦更张，故意表现出憨厚无欺的姿态，而实际上依然是在出售自己的奸诈。有时候，尽管坦诚的态度达到了极致，而骨子里藏着的依然是欺诈。精明的人一眼就能看透这一切，一下子就能看见光明外衣下的黑影，破解其真心，知道那单纯的表面之下，其实正包藏着深深的祸心。

三十六、礼仪很重要

【妙语】礼仪是在他的一切别种美德之上加上一层藻饰，使它们对他具有效用，去为他获得一切和他接近的人的尊重与好感。

——洛克

【故事】小珊是一个外资公司的客户服务人员，是家里的独生女而且长得非常漂亮，看到她就让人有一种眼前一亮的感觉。她的学历和能力在公司里都是一流的，但进公司两年多了，还是一个普通的员工，没有得到升职的机会。

小珊自己也很苦恼，她知道都是自己行为举止拖了自己的后腿，可一时半会儿还改不掉。

比如，开会的时候，小珊总是无意识地就趴到了桌子上，让在座的领导和同事都冷眼看她；和同事聚餐的时候，她动不动就拿出小镜子和木梳来梳理她的头发，有时还会有几丝乱发不听话地飘到餐桌上，让其他人很厌烦；最要命的是，可能小珊对自己的美丽非常自信，所以走路的时候总是扭着屁股，让人看着很另类；小珊还有很多类似的不好的举止习惯，有时候和客户在一起的时候，让客户很不满意，从而也影响了公司的形象。上周老总就警告过小珊如果还不尽快纠正自己的举止行为，就请她另谋高就了。

小珊虽然其他方面都很优秀，但不良的举止却给她增添没完没了的烦恼，也阻碍了她未来的发展。所以得体的举止是很重要的。

【智慧】货真价实还不足以成就大事，你还必须顾及环境。风度尽失，则一切走调，遇事尴尬，就连正义与真理也会变得面目全非。相反，风度十足，就能弥补一切，即使是回绝他人之"不"字也会听来悦耳，并且觉得理所当然。它能使真理甜美，甚至老迈之人也会变得俊朗悦目。行事之时如何举手投足非常重要，令人愉悦的言行举止，可博取人心，令人倾倒。翩翩风度是人生一大瑰宝。言语举止优雅得体，能让人在任何逆境中安然无恙。

三十七、苦难磨人志

【妙语】故天将降大任于斯人也，必先苦其心志，劳其筋骨，饿其体肤，空乏其身，行拂乱其所为，所以动心忍性，增益其所不能。

——孟子

不幸，是天才的进身之阶，信徒的洗礼之水，能人的无价之宝，弱者的无底深渊。

——巴尔扎克

很清楚，前途并不属于那些犹豫不决的人，而是属于那些一旦决定之后，就不屈不挠不达的誓不罢休的人。

——罗曼罗兰

【故事】无腿飞行将军苏联卫国战争期间，阿列克谢·梅列西耶夫大的飞机被击落，他在双腿受伤、冻坏的情况下爬行了 18 个昼夜，最后同到自己的阵地。双腿截肢后，他经过锻炼，重又驾驶歼击机作战。他很重视人的体育积极性，这种积极性对健康和精神状态都是不可缺少的。他从童年时代起就喜欢运动，喜欢划船，踢过足球，当过守门员。他停飞后每天早晨拼命锻炼。每天早晨洗冷水澡，以此预防感冒。

【智慧】对于一个双腿截肢后又重回飞机驾驶室的人来说，那绝对是一个奇迹。奇迹的发生需要一个支撑点，那就是毅力。人的一生必须经历风风雨雨，没有人会永远一帆风顺。但是，面对困难，有的人克服了，成功了，有的人却被打垮。这是为什么？因为垮掉的那些人缺乏一个重要的成功因素，那就是毅力。不论走入何种歧途，我们都要认准一个正确的方向，然后努力走下去。如果只有目标没有行动，或者行动了却未能坚持到最后，那我们收获的也仅仅是追悔莫及，而非成功的喜悦了。

三十八、善查条件

【妙语】要善察一项工作所需的条件。

——现实智慧

【智慧】事情常常变化多样，而要理解这种变化，需要有足够的知识和洞察力。有些事情需要勇气，有些事情则需要精细。最容易的是只要诚实就能做成的工作，最难的是需要机巧和智谋的工作。前者只需天生的才干，后者则需要专心致志。治人本来就很费功夫，管理那些傻子和疯子则需要付出更多的心力。至于要统治那些毫无智力的人，则需要加倍的才智。要投入全部身心、日夜以赴且一成不变地工作，是让人无法容忍的。好的工作应该是那些不至于使我们厌烦、富有变化、重要而且使我们品位常新的工作；最受尊重的工作，是那些能使他人依赖于我的工作。或使我无恃于他人的工作；最低劣的工作则是使我们此生流尽血汗、身后还附着不去而不胜其累的工作。

三十九、学会退让

【妙语】学会主动退让，全身而退。

——佚名

【故事】清朝的宰相张廷玉与一位姓叶的侍郎都是安徽人。两家相并而居，都要起房造屋，为争地发生了争执。张老夫人便修书北京，要张宰相出面干预。张廷玉看罢来信，立即做诗劝导老夫人：

"千里家书只为墙，再让三尺又何妨？万里长城今犹在，不见当年秦始皇。"张老夫人见书明理，就主动把墙退让三尺，叶家见此情景，深感惭愧，也把墙让后了三尺。就这样，张叶两家的院墙之间，形成了六尺宽的巷道，成了有名的"六尺巷"。张廷玉失去的是祖传的几分宅基地，换来的却是邻里和睦及流芳百世的美名。

【智慧】现实生活中，为了区区小事而争吵不休，咄咄逼人的事情很多。朋友之间因一句闲话会争得面红耳赤；邻里之间因孩子打架导致大人拌嘴，老死不相往来；而夫妻之间因为家庭琐事而同室操戈，劳燕分飞的例子更是不胜枚举，如此等等。其实，当事情过后，我们静下心来的时候，仔细再回想这些事情，总会觉得有点可笑甚至荒谬。既然退一步可以化干戈为玉帛，又何乐而不为呢？会生活的人，并不会一味地争强好胜，在必要的时候，宁愿后退一步，做出必要的自我牺牲。

主动退让和回避，以避免冲突，这是名慎之人克服困难的法宝。即使身处险境，他们也能够运用机智的话语使自己安然脱险。用一个玩笑使自己摆脱复杂的环境，绝大多数的伟人都透彻理解并熟练掌握这种方法。拒绝他人有一种很好的办法，那就是用友善的语气改变话题。有时候，假装话题中的人并不是指你，是最巧妙的手段。

四十、不要把鸡蛋放在同一个篮子里

【妙语】永远不要孤注一掷。

——索罗斯

【故事】鸡蛋易碎，所以看护好鸡蛋，是有一定风险的。如果把鸡蛋放在一个篮子里则风险更大。因为万一失手，篮子里的鸡蛋就有可能全部打碎。所以，民间就有这样一句话：不要把鸡蛋放在一个篮子里。因为即使一个篮子里的鸡蛋打碎了，还有另外篮子里的鸡蛋完好无损。这样风险、损失都会少很多。

【智慧】孤注一掷的方法并不可取，如果此举失败，将会给你带来难以弥补的损失。一个人不可能永远事事顺利，出现一次失败也是很正常的。关键在于你失败后，要给自己留有再试的机会，从而弥补前次失败的损失。不论什么事情，都应该留有改进和挽回的余地，事情能否成功，完全依赖于各种形势，刚开始就能取得成功的事情，是十分罕见的。

四十一、约束自己

【妙语】能约束自己的人，最有威信。

——塞涅卡

测量一个人的力量的大小，应看他的自制力如何。

——但丁

【智慧】自制力，顾名思义，就是自我控制、约束的能力。自制力的重要性不言而喻。

我们是生活在社会中的，承担着维护社会稳定与和平的义务。如果说法令条文是一张网，那么自制力便是网上的一个个结点，结点越多，网自然也越结实；若没有结点，纵然有再多的法律条款，也是一纸空谈。因而，我们必须要对自己及周围的人说声："要培养自制力。"

虽说"自制力"不是个新词，然而总有一部分人对其不是很了解，甚至产生曲解，认为要他培养自制力便是扼杀了他的自由。然而事实并非如此，"自由"是相对的，世界上不存在绝对的自由。社会越稳定，国家越昌盛，你就会享有越多的自由，而社会稳定的前提是每个公民强烈自制意识。

如此正确的了解自制力的含义，就不难发现，自制力的"正面功效"极多，大的方面来讲，于国家有利；小的范围来说，对自己有益。说自制力是自我优化、自我超越的一剂良方，一点也不为过。

"不以规矩，无以成方圆"、"君子博学而日参省乎己"这些古代名言都说明了自制的重要。实践也证明，多数成功人士也并非智力超人，而是他们有着较好的情绪因素，包括懂得时刻控制、调节自己的心情。说明了，不就是良好的自制力吗？

无论是前人还是今人，都使我们有足够的勇气对自己说：我们完全有决心、有能力；也完全应该培养起自制力。

四十二、利益决定一切

【妙语】没有永恒的朋友，也没有永恒的敌人

——丘吉尔

【故事】经济学中有一个"智猪博弈"的案例。就直接说明了人与人之间的关系因为利益的改变而改变。

这个例子讲的是：猪圈里有两头猪，一头大猪，一头小猪。猪圈的一边有个踏板，每踩一下踏板，在远离踏板的猪圈的另一边的投食口就会落下少量的食物。如果有一只猪去踩踏板，另一只猪就有机会抢先吃到另一边落下的食物。当小猪踩动踏板时，大猪会在小猪跑到食槽之前刚好吃光所有的食物；若是大猪踩动了踏板，则还有机会在小猪吃完落下的食物之前跑到食槽，争吃到另一半残羹。

　　那么，两只猪分别会采取什么策略？答案是：小猪将选择"搭便车"策略，也就是舒舒服服地等在食槽边；而大猪则为一点残羹不知疲倦地奔忙于踏板和食槽之间。

　　原因何在？因为，小猪踩踏板将一无所获，不踩踏板反而能吃上食物。对小猪而言，无论大猪是否踩动踏板，不踩踏板总是好的选择。反观大猪，已明知小猪是不会去踩动踏板的，自己亲自去踩踏板总比不踩强吧，所以只好亲力亲为了。

　　原本一个猪圈里的大猪和小猪都是竞争和合作共存的，但是，因为条件的变化，二者之间的利益产生了改变，所以原本双方共同努力的关系被打破，小猪不劳动了。

　　如果把这种现象放置在人类社会，一个人为微薄的利益而拼搏，另一个人却坐享其成，哪怕二者以往再亲近，想必现在的矛盾也不会小。

　　【智慧】反观现在，这个道理也是一样适用的。在与现在的朋友相处时，要想到他们可能会在将来成为你的敌人。既然这些事在现实中时有发生，那么我们就应该早做防范。不要因为友谊而丢掉武器，否则，他们就会向你宣战。另一方面，当你面对敌人时，要时刻敞开和解的大门，如果还能敞开宽容之门，那就更加安全。复仇的快感有时会变成一种折磨，伤害他人的满足有时也会变成一种痛苦。

四十三、清楚自己的地位

　　【妙语】不要与有权势的人分享秘密。

——现实智慧

【智慧】你也许认为自己能够和上司分享同一个梨，实际上你只能吃他削下来的皮。有很多人因为成为上司的心腹而落得悲惨的下场。他们就像用面包皮做成的汤匙，很快就会和汤一起被吞掉。君王向你倾吐秘密并不是什么特权，他只不过想让你分享他的负担。许多人会因为在镜子中看到自己丑陋的面孔而打碎镜子。我们不能容忍别人看到我们的丑陋，假如你看到别人不光彩的一面，就会使自己身处危险的边缘。不要奢望别人对你感恩戴德，尤其是那些位高权重者，除非你给过帮助，而不是他给过你帮助。向朋友吐露内心的秘密是一件危险的事情，这会使你自己成为他的奴隶。君王不忍受这种地位，为了重获失去的自由，他们会践踏一切，甚至包括正义和理性。因此，他人的秘密听不得，更讲不得。

四十四、选择朋友

【妙语】与有肝胆人共事，从无字句处读书。

——周恩来

【故事】周恩来同志在天津南开学校读书时，写了一副自勉联："与有肝胆人共事；从无字句处读书"。他告诫自己也劝诫人们，交友要有选择，读书要注重实践。"与有肝胆人共事"道出了交友的目的和原则，周恩来极有见地地提出选择"有肝胆人"为友的主张，就是要选择在学业上，革命事业上志同道合，肝胆相照的人结为知音，相互勉励．相互补充，方能对事业有所裨益。人海茫茫，知己难觅。

【智慧】鲁迅先生说，人生得一知己足矣！知己先别说，朋友总还是得交。一个篱笆三个桩，一个好汉三个帮，朋友多了路好走，人的一生如果没有几个朋友，那也太说不过去了。朋友有各种各样的，但不能滥交朋友，仅从社交层来讲，应广泛交友，若从真心相处来讲，朋友不在多，关键是要有几个可以信得过的朋友。最重要的是要看本质，看品行，要多交一些某些方面比你强的朋友，不要嫉妒别人的才能，要学会去欣赏别人的才能。如果能做到相互欣赏，共同提高，相互提携，那么你的朋友圈子就会是一个极其强大的群体，这对你的人生之路会存有大的益处的。"与有肝胆人共事"可以作为交友的一条重要原则。

"从无字句处读书"更为发人深省，它告诉我们，凡事要从实际出发，读书亦然。读书要在学用结合上下工夫，通过实践改善自己的组合性智力，经验性智力，全面增强认识和改造世界的能力。读书是实践活动，千百年来的精华，都写在了书上。书是知识的海洋，但知识还有另外一个海洋，就是实践。从实践中学习，一个人如果读死书而忽略社会实践，将会一事无成。

英国过去有个名叫亚克敏的人，可以称得上是读书很多的人。除了读遍家中七万多册藏书外，还博览群书，见书就读。可是，他一辈子也没写过一篇文章。没有对社会做过任何贡献。如果有谁只是学了许多理论知识，而像亚克敏那样对待读书，不去利用，那同样是毫无意义的。

这一事例说明，我们的学习也是为了将来更好地开展实践，否则同样毫无意义的。读书的目的就在于应用，在于指导人们的生活，而读书却不与实际相联系，是没有用的。最为行之有效的读书方法便是与实际相联系。如果你想把书上的知识变成自己的真知灼见。就必须把书上的知识与自己的生活相结合，变成一个全面的认识。如果不学以致用，那么再好的知识也是一堆废物。学以致用，才能成功，否则只会生搬硬套书本上的知识，必然会给你所从事的事业带来损失。在历史上有很多食古不化、奉行教条而失败的例子。《三国演义》里的马谡，自称"自幼熟读兵书，颇知兵法"。但在街亭之战中，只背得"凭高视下，势如破竹"、"置之死地而后生"几句教条。而不听王平的再三相劝以及诸葛亮的叮咛告诫，将军营安扎在一个前无屏蔽，后无退路的山头之上。最后落得一个兵败地失、狼狈而逃、斩首示众的下场。马谡这个书呆子不能对书本的知识进行变通，只会死读书，不会进行思考。更谈不上学以致用了。读书既要钻进去，又要走出来。钻进去，就是静心学习、融会贯通、把握精髓、武装头脑；走出来，就是联系实际、自觉运用、指导实践、解决问题。知识的获得绝非仅仅限于读有字句之书，还要善于从无字句处读书。"从无字句处读书"才是读书的最高境界。

第五章　人生的道理

一、母爱的伟大

【妙语】母爱是世间最伟大的力量。

——米尔

母爱是一种巨大的火焰。

——罗曼·罗兰

【故事】夏季的一个傍晚，戈尔丁先生出去散步。在一片空地上，他看见一个 10 岁左右的小男孩和一位年轻妇女。那个孩子正用一个做的很粗糙的弹弓，瞄准立在离他七八米远的一只玻璃瓶。那个孩子总是瞄不准目标，弹丸要么偏左偏右，要么就是忽高忽低。戈尔丁先生站在他身后不远，好奇地期待着他打中一次。说实话，他从没有见过准头这么差的孩子。

那个年轻的妇女安静的坐在草地上，手边放着一堆小石子。男孩射出一粒后，她就马上又捡起一颗，轻轻递到孩子手中。孩子细心地把石子放在皮套里，打出去，然后再接过一颗。

那位妇女的脸上始终带着鼓励的微笑，从她眼神中可以看出，她是那个孩子的母亲。

那个孩子始终都很认真，屏住气，瞄很久，才打出一弹。但戈尔丁先生站了很久，他仍然一弹都没有打中。

"让我来教教他，好吗？"戈尔丁先生走上前说。

男孩停住了，还是看着瓶子的方向。他的母亲转过头对戈尔丁先生笑了笑说："谢谢，可是不用了。"她顿了一下，望着孩子，又轻轻地说，"他看不见。"

戈尔丁先生顿时怔住了。半晌，他才喃喃地说："噢，是这样……对不起！但你为什么要这样做？"

"别的孩子都这么玩。"

"呃……"戈尔丁先生说，"可是他……怎么能打中呢？"

"我告诉他，总会打中的。"母亲平静的说，"关键是他做了没有。"

戈尔丁先生沉默了。

那个男孩的频率逐渐慢了下来，很明显，他已经累了。他的母亲并没有说什么，还是很安详地递着石子儿，微笑着，只是传递的节奏也慢了下来。

戈尔丁发现，这孩子逐渐打得很有规律——他打一弹，向一边移一点，再打一弹，再移一点然后再慢慢移回来。

夜风轻轻袭来，蛐蛐儿在草丛中轻唱起来，天幕上已有了疏朗的星星。弹弓的皮条发出的"劈啪"声和石子崩在地上的"砰砰"声仍在单调地重复着。对于那个孩子来说，黑夜和白天并没有什么区别。

又过了很久，夜色笼罩下来，戈尔丁先生已经看不清那瓶子的轮廓了。

"看来今天他是打不中了。"戈尔丁先生犹豫了一下，对母子俩说了声"再见"，便转身走回去。只走出了几步，身后就传来一声瓶子清脆的破裂声，接着就是一阵天真的笑声和一阵热烈的掌声。

【智慧】 故事中的儿子虽然看不见母亲的微笑，但他看得见母亲的爱。有爱的支持，没有什么做不到的。"总会打中的，关键就是他做了没有。"这就是一个母亲的最高信仰。通过这个故事我们明白对自己的孩子多一份耐心、多一份爱心、多一份信心有多重要。而作为孩子的我们，心中也要存有一份对自己的耐心与信心。

二、放下包袱

【妙语】 放下包袱，你会发现生活中意想不到的美好。

——托尔斯泰

【故事】 一位老和尚，他身边聚拢着一帮虔诚的弟子。这一天，他嘱咐弟子每人去南山打一担柴回来。弟子们匆匆行至离山不远的河边，人人目瞪口呆。只见洪水从山上奔泻而下，无论如何也休想渡河打柴了。无功而返，弟子们都有些垂头丧气。唯独一个小和尚与师傅坦然相对。师傅问其故，小和尚从怀中掏出一个苹果，递给师傅说，过不了河，打不了柴，见河边有棵苹果树，我就顺手把树上唯一的一个苹果摘来了。后来，这位小和尚成了师傅的衣钵传人。

【智慧】 世上有走不完的路，也有过不了的河。过不了的河掉头而回，也是一种智慧。但真正的智慧还要在河边做一件事情：放飞思想的风筝，摘下一个'苹果'。历览古今，抱定这样一种生活信念的人，最终都实现了人生的突围和超越。

三、庸人自扰

【妙语】事情其实没有你想的那样复杂。

【故事】一个农民从洪水中救起了他的妻子，他的孩子却被淹死了。

事后，人们议论纷纷。有的说他做得对，因为孩子可以再生一个，妻子却不能死而复活。有的说他做错了，因为妻子可以另娶一个，孩子却不能死而复活。

我听了人们的议论，也感到疑惑难决：如果只能救活一人，究竟应该救妻子呢，还是救孩子？于是我去拜访那个农民，问他当时是怎么想的。

他答道："我什么也没想。洪水袭来，妻子在我身过，我抓住她就往附近的山坡游。当我返回时，孩子已经被洪水冲走了。"

归途上，我琢磨着农民的话，对自己说：所谓人生的抉择不少便是如此。

【智慧】"世上本无事，庸人自扰之"。农民救谁都没有错，而那些讨论的人说什么都是不对的。

四、曲全枉直

【妙语】曲则全，枉则直，洼则盈，敝则新。

——庄子

【故事】新中国成立后三十年内大陆和台湾不相往来，台湾海峡不能通航通邮，两岸同胞亲人的感情割不断，便通过美国、香港等地中转信函，这就是曲则全的道理。

同样，二次世界大战后，由于美国的把持干预，在朝鲜半岛由三八线分成南北两个朝鲜，在中欧形成东西两个德国，而在中国则遗留下大陆和台湾，虽然台湾是中国不可分割的一部分，但它毕竟是独立行政的。恐怕在这三处地方，亲人都得曲则全吧，不这样怎么办呢？

【智慧】曲，才能完整；弯，才至于直；洼，才至于满；破旧才能新。这又是一则富于辩证智慧的睿语。矛盾双方是对立统一的，一方包含着其对立面，并向其对立面转化。现在人也常说"委曲求全"，"曲线上升"，意思是办事不要直来直去，直通通的往往办不成事，要绕个弯子到达目的地，才能办成事情并保全自己。《周易·系辞传上》："范围天地之化而不过，曲成万物而不遗。"是说祖国易学囊括了宇宙万物变化的规律，那些变化周而复始创生了万物。中华先民早就认识到事物的发展道路是曲线的，圆周形的，周而复始的，没有一样事物是直线发展的，都是螺线式或波浪式曲折前进的。我们思考问题、说话、办事都要懂得曲则全的道理。虽然两点之间直线最短最省事，但两点之间有一沟坎不能硬越，因而不得不绕个圈子到达对方。

五、害怕的心理更危险

【妙语】害怕危险的心理比危险本身还要可怕一万倍。

——笛福

【故事】尼克是一家肉类加工厂的职员，有一天下班了他还在清理一个待修的大冰柜，不知道什么原因冰柜的门自动关上了，尼克被关在了里面。冰柜的门从里面是无法打开的，尼克在里面拼命地敲打喊叫也是徒劳，因为其他员工都已经下班回家了，没有人来帮助他。

尼克想尽了各种办法也无济于事，他沮丧地坐在冰柜的角落里。他越想越害怕：冰柜里零下十几度，要是等第二天同事上班的时候来开门，自己会硬得像冰柜里的冻猪肉一样……

第二天，别的职员上班后打开冰柜的门时，发现尼克蜷缩在冰柜的角落里，已经死了。大家很惊讶，因为冰柜坏了，根本就没有制冷，里面有十几度，又不缺氧，可是尼克居然被"冻"死了！

【智慧】读了这个故事，我们可以发现，其实现实并非我们想象中那么恐怖。我们都在同样的环境下生存者，却有好坏之分。这又是为什么？

因为有的人可以看清世界的真实面目，有的人却生活在对实际的想象之中。我们有时会听到别人说社会这里不好，那里不好，生活又是多么艰辛。有的人就会在听多了这些谈论后对生存失去希望。但是，并不是现实多么残酷，也不是社会多么黑暗，而是绝望于发自内心的恐惧。换句话来讲，不同的人的不同命运，取决于他们看世界的不同眼光。如果你看世界是明媚温暖的，那么你的内心也是一片阳光。而如果你觉得世界永远是密不透风的阴霾，或是刺骨的寒冷，那你也很有可能就丧生在这一片阴霾与寒冷中了。

六、爱的作用

【妙语】爱之花开放的地方，生命便能欣欣向荣。

——梵高

【智慧】一个小男孩几乎认为自己是世界上最不幸的孩子，因为患脊髓灰质炎而留下了瘸腿和参差不齐且突出的牙齿。他很少与同学们游戏或玩耍，老师叫他回答问题时，他也总是低着头一言不发。

在一个平常的春天，小男孩的父亲从邻居家讨了一些树苗，他想把它们栽在房前。他叫他的孩子们每人栽一棵。父亲对孩子们说，谁栽的树苗长得最好，就给谁买一件最喜欢的礼物。小男孩也想得到父亲的礼物。但看到兄妹们蹦蹦跳跳提水浇树的身影，不知怎么地，萌生出一种阴冷的想法：希望自己栽的那棵树早点死去。因此浇过一两次水后，再也没去搭理它。

几天后，小男孩再去看他种的那棵树时，惊奇地发现它不仅没有枯萎，而且还长出了几片新叶子，与兄妹们种的树相比，显得更嫩绿、更有生气。父亲兑现了他的诺言，为小男孩买了一件他最喜欢的礼物，并对他说，从他栽的树来看，他长大后一定能成为一名出色的植物学家。

从那以后，小男孩慢慢变得乐观向上起来。

一天晚上，小男孩躺在床上睡不着，看着窗外那明亮皎洁的月光，忽然想起生物老师曾说过的话：植物一般都在晚上生长，那么何不去看看自己种的那颗小树呢？当他轻手轻脚来到院子里时，却看见父亲用勺子在向自己栽种的那棵树下泼洒着什么。顿时，一切他都明白了，原来父亲一直在偷偷地为自己栽种的那颗小树施肥！他返回房间，任凭泪水肆意地奔流……

几十年过去了，那瘸腿的小男孩虽然没有成为一名植物学家，但他却成为了美国总统。他的名字叫富兰克林·罗斯福。

【智慧】人的生命似洪水在奔流，不遇着岛屿、暗礁，难以激起美丽的浪花。而爱，就像是哪艘激起浪花的船，带你见证那被激起的浪花的美丽。同时，爱也是生命中最好的养料，哪怕只是一勺清水，也能使生命之树茁壮成长。也许那树是那样的平凡、不起眼；也许那树是如此的瘦小，甚至还有些枯萎，但只要有这养料的浇灌，它就能长得枝繁叶茂，甚至长成参天大树。

七、孝是爱的前提

【妙语】今之孝者，是谓能养。至于犬马，皆能有养。不敬，何以别乎？

——孔子

【故事】东汉时有个人，姓黄名香，字文疆。在他九岁的时候，母亲便病故了。虽然黄香只有九岁，但他已深深懂得孝顺的道理。

黄香每天都非常思念去世的母亲，常潸然泪下，乡里的人看到他思母的情景，都称赞他是个孝子。失去了母亲的黄香，更把全部的孝心都倾注于父亲，家中大大小小的事情，都亲自动手去做，一心一意服待父亲。

三伏盛夏，酷热难当。细心的小黄香，担心劳累一天的父亲因天太热，睡不好觉，便拿着扇子在床边扇枕席，一直扇到席子暑气全消，黄香才会去请父亲上床睡觉。过了秋天，隆冬来临，每到晚上整个屋子就冷得像冰窑一般，要是碰上下雪的日子，就更难过了。但孝顺的黄香，仍然有办法让父亲每天晚上睡得舒舒服服。只要天一黑，黄香就会钻进父亲冰冷的被窝里，用自己的身体，把被子弄得暖烘烘的，然后再请父亲去睡，这样父亲就可以免去寒冷之苦了。

【智慧】子游问什么是孝。孔子说："现在人们所说的孝，往往是指能够赡养父母。其实，就连狗马之类都能够得到人的饲养。如果没有恭敬之心，赡养父母与饲养狗马之类有什么区别呢？"

人世间有很多美好的情感充盈于人生，譬如爱情、亲情和友情。而孝心，则是晚辈对长辈最忠诚、最真挚的情感，是孝道的根本。

父母是山，子女就是树，从中吸取营养；父母是河，子女就是鱼，在水中生活；父母是园丁，子女就是花儿，被园丁无微不至地照料……的确，父母给予子女的实在太多了，无论是什么方面，他们总是给予子女一种说不穿、猜不透的力量，这也许就是爱。这种爱需要什么回报？需要子女用实际行动来回报。

毕淑敏说："'孝'是稍纵即逝的眷恋，'孝'是无法重现的幸福。'孝'是一失足成千古恨的往事，'孝'是生命与生命交接处的链条，一旦断裂，永无连接。"孝心，是我们中华民族的传统美德，因为有孝，才会出现家庭和睦和温馨的幸福。

孝心是一个人具有爱心的前提条件。没有孝心的人，所谓的爱心只是一幢空中楼阁，是虚幻的或者说是徒具形式的。古往今来，不知多少文人墨客讴歌父爱母爱，不知多少感人肺腑的亲情故事在世间广为流传。

现今科技发达，物质生活富裕了，我们不需要再像黄香那样扇席暖床了。但他孝敬父母的精神是永远值得我们学习的。

父母的爱永远是一盏不灭的灯，照亮并温暖世界的每一个角落。从小我们就享受父母无微不至的关怀，它是如此的无处不在，以至于我们习惯得都感觉不到它的存在。对待生我们养我们的父母都没有一点真情，对待如此爱我们疼我们的父母都没有一点孝心，那么这样的人恐怕只能是秋后勉强挂在树枝上的黄叶，他们还会有热情去爱周围的人吗？当秋叶不再感激养育它的大树时，它就会枯黄，就会无声地飘落；当那颗年轻的心不再爱养育它长大的父母时，它就成了一潭发臭的死水，像一颗毒疮点缀在这个世界上。

八、治理要在未混乱前

【妙语】其安易持，其未兆易谋，其脆易判，其微易散，为之于未有，治之于未乱。

——孟子

【故事】《韩非子·喻老》："千丈之堤，以蝼蚁之穴溃；百尺之室，以突隙之烟焚。故曰：白圭之行堤也塞其穴，丈人之慎火也涂其隙。是以白圭无水难，丈人无火患，此皆慎易以避难，敬细以远祸者也。"千丈大堤，因为蜈蚣蚂蚁的小穴窝而毁坏，因为水渗漏越来越大，最终必致决口；百尺长的房室，因为烟筒缝里飞出的火星而焚烧；

韩非子接着讲了这个故事：扁鹊见蔡桓公，站了一会儿，扁鹊说："您有病在皮肤里，不马上治疗恐怕更厉害。"桓侯说："我没病。"扁鹊出来了，桓侯说："医生好治疗没病的人以为功劳。"过了十天，扁鹊又拜见蔡桓公说："您的病在肌肉，不治会更深入。"桓侯又不承认，扁鹊走出来，桓侯很不高兴。又过了十天，扁鹊见到桓侯说："您的病在肠胃，不治将加重。"桓侯又不承认，扁鹊走出来，桓侯又不高兴。过了十天，扁鹊望见桓侯回头便跑，桓侯因而使人问其缘故，扁鹊说："病在皮肤，热汤洗浴，热物熨烙或拔火罐等可以治疗；病在肌肉，针灸可以治疗；病在肠胃，煎熬的汤药可以治疗；病入骨髓，已属于掌管寿命的阎王爷爷的事情了，谁也无可奈何。如今桓侯已病入骨髓，所以我便不再要求为他治病了。"过了五天，桓侯身体疼痛，使人寻找扁鹊，扁鹊早已逃到秦国，桓侯便死掉了。良医治病，攻于腠理，于其未甚易为功。凡事之祸乱皆有初始阶段，聪明之人能提前预见其趋势，防患于未然，或扼杀之于摇篮中。

【智慧】事物在安静状态易于掌握维持；在没有明显征兆时容易图谋对付；当事物还脆嫩时容易分解破坏；当事物还微小时容易消散破灭。行动要在未成形前，治理要在未混乱前。勉励人们防微杜渐，尽早除掉坏习惯坏毛病。《易经》说："履霜坚冰至。"俗话说："防患于未然。"中医说："上工治未病。"都是这个意思。好的医生以预防为主，在没成病之前，就预先虑及，早下手为强。

道理很明白，树的种子处在萌芽状态时很容易消灭，等他长到参天大树时就难对付了；鸟雀在窝巢里羽毛未丰时，一把就握死了，等他长大，翅膀硬了，满天飞翔，怎么能逮着它呢？腹中胎儿很容易流产，摇篮中的婴儿也很容易扼杀，一旦长成孔武有力的小伙子，就不好制服了。

九、不要唱高调

【妙语】大声不入于里耳，折杨皇华，则嗑然而笑。

——庄子

【故事】庄子说："高言不止于众人之心，至言不出，俗言胜也。"高谈阔论不会留在众人的心上，至理不显露，世俗言论最有力量。对牛弹琴的故事不是笑话牛无知，而是笑话弹琴的人不看对象瞎卖弄，好曲应弹给知音听！春秋时晋国上大夫俞伯牙去楚国办事，回来路过汉阳江口，正是月明星稀之夜，嗜好弹琴的俞大夫便操起弦来，江边一个以打柴为生的隐君子钟子期正好赶上听他弹琴。一会儿琴声高昂雄壮，如风鸣山巅，钟樵夫便说："巍巍乎高山！"一会儿琴声汩汩流滑，如江河之水，钟又道："汤汤乎流水！"俞伯牙便停下来，叫仆人请钟上船，交谈律吕，相见恨晚，遂成莫逆之交，高山流水奏知音！多少年后，钟子期去世了，俞伯牙便摔琴不弹，知音已死，弹给谁听？"伐木丁丁，鸟鸣嘤嘤，出自幽谷，迁于乔木，嘤其鸣矣，求其友声。"

【智慧】像咸池九韶之类雄壮的乐曲，不被世俗欣赏；而折杨皇华之类的通俗歌曲，人们听了便哈哈大笑。也就是曲高和寡的意思，阳春白雪和之者寡，下里巴人和之者众。东汉末年的李固《遗黄琼书》："峣峣者易缺，皦皦者易污。阳春之曲，和者必寡；盛名之下，其实难副。"好高人愈嫉，过洁世同嫌。这句话勉励人们到什么山唱什么歌，不要唱高调，不要耍个人英雄主义，要善于入乡随俗，与民同乐，走群众路线。

十、人性本善

【妙语】待小人，不难于严，而难于不恶；待君子，不难于恭，而难于有礼。

——洪自诚

【故事】东汉初年的隐士梁鸿，字伯鸾，扶风平陵人（今陕西咸阳西北）。博学多才，家里虽穷，可是崇尚气节。

由于梁鸿的高尚品德，许多人想把女儿嫁给他。可梁鸿谢绝他们的好意，就是不娶。与他同县的一位孟氏有一个女儿，长得又黑又肥又丑，而且力气极大，能把石臼轻易举起来。每次为她择婆家，就是不嫁，已三十岁了。父母问她为何不嫁。她说："我要嫁象梁伯鸾一样贤德的人。梁鸿听说后，就下娉礼，准备娶她。

孟女高高兴兴地准备着嫁妆。等到过门那天，她打扮得漂漂亮亮的。哪想到，婚后一连七日，梁鸿一言不发。孟家女就来到梁鸿面前跪下，说："我早听说夫君你的贤名，立誓非您莫嫁；夫君也拒绝了许多家的提亲，最后选定了妾身为妻。可不知为甚么，婚后，夫君默默无语，不知妾犯了甚么过失？"梁鸿答道："我一直希望自己的妻子是位能穿麻葛衣，并能与我一起隐居到深山老林中的人。而现在你却穿着绮缟等名贵的丝织品缝制的衣服，涂脂抹粉、梳妆打扮，这哪里是我理想中的妻子啊？"

孟女听了，对梁鸿说："我这些日子的穿著打扮，只是想验证一下，夫君你是否真是我理想中的贤士。妾早就准备有劳作的服装与用品。"说完，便将头发卷成髻，穿上粗布衣，架起织机，动手织布。梁鸿见状，大喜，连忙走过去，对妻子说："这样你才是我梁鸿的妻子！"他为妻子取名为孟光，字德曜，意思是她的仁德如同光芒般闪耀。

【智慧】人性本善，任何小人都不是天生而成的，都是后天的环境因素所导致；而且小人随时都有良心谴责的时候，都有想做正人君子的念头。虽然人情大抵憎恶，可是要使小人归向善类，是不应该待之以轻视、憎恨的眼光的。至于做一位君子，是人的本分；面对君子，何必表现出过分的恭敬？人们就是由于认为君子是了不起的人物，才使自己离君子的境界有一段距离，其实君子乃是最平常的人。

十一、大风刮不多时，大雨下不多时

【妙语】飘风不终朝，骤雨不终日。

——庄子

【故事】秦始皇在阿房宫里朝歌夜宴，享受人间乐事，哪管百姓死活，只要自己受用就行。他还想求长生不老药，活上千千万万年，因而听信了方士卢生之言，必须隐蔽起来，才能求到不老药。于是往来于复道甬道相连通的二百七十座宫殿里，每个宫殿里美女、乐器、饮食，应有尽有。他只是常常召见狱吏，丞相等大臣只是照他的指令办事，很少能见上他。后来卢生逃跑了，秦始皇大发雷霆，活埋了四百六十余人！他派方士徐市去东海求仙药，徐市率五百童男五百童女一去不复还。秦始皇的结局大家都知道，在巡游的路上死去，尸体却被藏起来密而不发，腐烂在车里。而他辛辛苦苦建立的秦国，也因世人不满暴政而被推翻，维持了不到16年时间。

【智慧】这就是俗语所说的"大风刮不多时，大雨下不多时。"自然界和人一样，狂风暴雨就是他的震怒。怒发冲冠也不过一会儿的事，很快就过去了。人没有那么大的劲头长怒不息，自然界也没有那么多能量呼天坼地。变态是短暂的，常态才是持久的。人的常态是心平气和、安居乐业，社会的常态是国泰民安、文明富裕，家庭的常态是父慈子孝、和乐勤劳，自然界的常态是风和日丽、春华秋实。

一个人如果纵情声色，花天酒地，很快便会精枯力竭而死；一个家庭如果不能量入为出，而穷奢极欲，同样很快就会崩溃；一个国家如果横征暴敛，挥霍无度，也很快便会被推翻。

十二、万物是相互制约的

【妙语】物固相累，二类相召也。

——《山木》

【故事】《山木》中说，庄子在雕陵的栗园里游玩，看见一只不寻常的喜鹊从南面飞来，翅膀有七尺宽，眼睛大得直径有一寸，它碰了庄周的额头后落到栗树林中。庄子说："这是什么鸟呀？翅膀那么大却不能远飞，眼睛那么大却看不见人？"于是他掀起衣襟快步走过去，拿着弹弓等候射杀的时机。这时他看见一只蝉正在浓密的树荫下忘了自身的安危，有一只螳螂举臂去捕它，螳螂见有所得也忘了自己的形体；而这只不寻常的喜鹊从中取利吃螳螂，见到眼前利益而丧失了真性。庄周惊惧地说："万物本来是互相牵累的，彼此惹祸招灾呀！"于是庄子扔掉弹弓转身就去了，而管栗园的虞人怀疑他偷栗子而边追边骂他。庄周回去，三个月不出门，学生蔺且问他："先生为什么好久不出门呀？"庄周说："我固守外物的形体而忘掉了自身，看到了浊水反而对清泉迷惑了。我听老聃说过：'到一个地方，就要顺从那里的习俗。'现在我到栗园游玩而忘却了自身，不寻常的喜鹊碰了我的额头，飞到栗树林里忘了真性，而管园的虞人污蔑我，所以我不出门。"这就是"螳螂扑蝉，黄鹊在后"的故事，告诉人们要时刻提高警惕，切勿利令智昏，只看到眼前有利可图，而忘记后边的人正图我，生命就难以保住了。

【智慧】万物本来是相互制约牵累的，彼此之间相互感召吸引。这句话是很深刻的，揭示了事物的普遍联系性，相互制约性，中国古代的五行学说认为天地万物不外由水火木金土五种基本元素构成，五行之间是比相生而间相胜（如金生水，水生木，而金克木）。

相生相克形成世界的千变万化，相生相克衍生了世界万物，万物形成一个因果网，网中的每一个事物都处在复杂的关系中，既有生之者，又有克之者，它也有所生，它也有所克，还有和它同样的。相生者感情深厚，有福同享，有难同当；相克者胜彼益此，一物降一物。

不论相生或相克，都互相感召，相生者惠此益彼，如父母呼儿而给他好吃的；相克者此见彼利则劫夺之，孙子看到祖父母的好吃的就跑去抢。很多时候，人或利令智昏，因此而败。

万物皆弱肉强食，优胜劣汰，物竞天择，适者生存，这就是丛林原则。强弱都是相对而言的，无强无弱，或都强都弱，以其所强而强之，则万物莫不强；以其所弱而弱之，则万物莫不弱。五行之中无所谓哪一行强，无所谓哪一行弱，相对于克我者来说我是弱，而相对于我克者来说我又是强。所以，记住这自然法则，不要在眼前的小利中迷失了自我。

十三、取得大的胜利

【妙语】以众小不胜为大胜也。为大胜者，唯圣人能之。

——庄子

【故事】毛泽东在对敌战争中，一贯使用的战略原则便是："集中优势兵力，各个歼灭敌人。"他最善于打机动灵活的游击战争，保存自己的实力，瞅准机会，出其不意，攻其无备，以绝对优势兵力外线包围小股敌人而全部歼灭之。他总结出游击战争的十六字诀："敌进我退，敌驻我扰，敌疲我打，敌退我追。"打得过就打，打不过就跑，决不硬拼，拿着鸡蛋撞石头。他虽然经常被敌人追得钻进山中，但实力并没有消耗。他善于发动农民，不断充实队伍，最终壮大起来。虽然大大小小失败了成千上万，皆是伤指而未断指，没有造成致命打击。待其壮大起来，而和蒋介石正面战略决战时，蒋军不堪一击。三大战役后紧接着渡江作战，以摧枯拉朽之势直捣南京老巢，推翻了统治中国二十二年的蒋家王朝！"钟山风雨起苍黄，百万雄师过大江。虎踞龙蟠今胜昔，天翻地覆慨而慷。天若有情天亦老，人间正道是沧桑。宜将剩勇追穷寇，不可沽名学霸王！""以众小不胜为大胜也"，只有智慧卓越的毛泽东能做到，毛泽东可谓雄才大略的伟人！林彪学到了这种口袋战术，在苏联养病期间，为斯大林出谋划策，以这种后发制人的口袋战略取得斯大林格勒保卫战的胜利，这一战是世界反法西斯战争的转折点，对世界人民的解放事业都有着重大的意义。

【智慧】虽然很多小处不能取胜，但能取得大的胜利。取得大的胜利只有圣人才能做到，正是道家的后发制人。这也就是谁笑到最后谁笑得最好的意思。小胜小败无关大局，虽多次小败，亦不会大伤元气；大胜大败则生死攸关，具有决定性意义，不可不慎。俗话说："伤其十指不如断其一指。"十指虽然受伤，过一段时间休养好了，又和没受伤时一样；而削去他的一个指头，他就永远不会有十个指头了。

十四、降服心魔

【妙语】降魔者，先降自心，心伏，则群魔退听；驭横者，先驭此气，气平，则外横不侵。

——洪自诚

【故事】刘备的死就是心魔作怪的结果。当时关羽所守的荆州被吴国攻占，关羽兵败被俘，不降，被杀。刘备闻后尽起全国大兵去讨伐吴国，为关羽报仇。当时诸葛亮在南方和孟获打仗，所以不曾随军。刘备被吴火烧联营，大败后兵败退到白帝城，一病不起，病倒在白帝城的永安宫。刘备知道自己病难以治好，便派人日夜兼程赶到成都，请诸葛亮来嘱托后事。这一代枭雄，从此巨星陨落，蜀国也随着刘备的死而渐渐垮了下来。

那么又该如何降服心魔呢？看看幽默大师萧伯纳是怎么做的。一天，萧伯纳在街上散步时，一辆自行车冲来，双方躲闪不开，都跌倒了。萧伯纳笑着对骑车人说："先生，您比我更不幸，要是您再加点儿劲，那您可就作为撞死萧伯纳的好汉而名垂史册啦！"萧伯纳的灰谐幽默缓和了当场的气氛，两人握手道别，没有丝毫难堪。

【智慧】要想降伏恶魔，必须首先降伏自己内心的邪念，只有把自己内心的邪念降伏了，那么所有的恶魔自然会消除；要想驾驭住悖礼违纪的事情，必须首先驾驭自己的浮躁之气，只有把自己的浮躁驾驭控制住了，那些外来的纷乱事物就自然不会侵入。

《六祖坛经》上说："心平何劳持戒，行直何用修禅。"又说："菩提只向心觅，何劳向外求玄。"心是一切行为的主宰，做人必须从持心养性开始。人生有时会处于困窘艰险的地位，或遇到拂逆失败，以及哀痛忿怒的事。这个时候，令人气短，最为难堪，稍一不慎，即致伤身，为终身之恨，而于事情本身，依然毫无禅益。所以，人平常就必须调心理性，不要因眼前事情，攻伐方寸，自戕生命，等到临事才能忍之又忍，反转思之，以保身体，置生死、得失、荣辱等一切世俗思想于胸后。否则，高谈其他道理都是无益的，反而给人当做笑柄。

十五、更重视内在的"德"

【妙语】上德不德，是以有德；下德不失德，是以无德。

——老子

【故事】《史记·孙子吴起列传》："起之为将，与士卒最下者同衣食，卧不设席，行不骑乘，亲裹赢粮，与士卒分劳苦。卒有病疽者，起为吮之，卒母闻而哭之。人曰：'子卒也，而将军自吮其疽，何哭为？'母曰：'非然也。往年吴公吮其父，其父战不旋踵，遂死于敌。吴公今又吮其子，妾不知其死所矣，是以哭之。'文候以吴起善用兵，廉平，尽能得士心，乃以为西河守，以拒秦韩。'"吴起之所以对士卒好，还亲自为士卒吮吸疮疽的脓血，并非真心行好，而是为了让士卒感恩图报，战场上为他卖命，这便是"下德"。当然具有吴起这种"下德"的将军今天也几乎见不到了，有几个将军能与士兵同甘苦？士卒的母亲哭着说出了吴起的用心，当年也是吴起为这个士卒的父亲吮脓，结果士卒的父亲冲锋陷阵勇往直前，很快便战死了；如今吴起又为士卒吮脓，士卒不久又会牺牲在战场上了，所以士卒的母亲闻而哭之。

《聊斋志异》之《考城隍》中有一句话："有意为善，虽善不赏；无意为恶，虽恶不罚。"正是对老子这句话的注解。上善不善，最高的善是不有意为善，有意为善是沽名钓誉；下善不失善，低级的善是有意为善，是假善，假仁假义，施恩图报，或怀着不可告人的个人目的去为善。同理，上德不有意为德，是真正的品德；下德处处不忘表现有德，是虚伪的品德。正如"古之学者为己"是真正的学，是提高自己的境界；"今之学者为人"，是表面上做给人看的学，不是真正乐之者。助人为乐不留姓名就是"上德"，助人望报或别有目的则是"下德"。一般的人修养不够，做不到无心为善；在当今这种物欲横流的时代，就连有心为善的人也很少见了。与孙武齐名的吴起最善用兵，一是足智多谋，二是士卒卖命，故能百战百胜。

【智慧】道德最高尚的人，不注重表面形式上的道德，因此他才真有道德；品德低下者，故意显示有道德，所以没有道德。这仍然是从两个层次而言的，是老子一贯的命题方式：大德不德。"大德"是形而上的本体的玄德，是真正得道之德，"不德"是不有心为德，不表现自己有德，是不为形而下的具体的品德。

十六、历史是人写出来的

【妙语】路是脚踏出来的，历史是人写出来的。人的每一步行动都在书写自己的历史。

——吉鸿昌

但愿每次回忆，对生活都不感到负疚。

——郭小川

人生的价值，并不是用时间，而是用深度去衡量的。

——列夫·托尔斯泰

一个人的价值，应该看他贡献什么，而不应当看他取得什么。

——爱因斯坦

既然人生，具有一切乐趣的全部人生，在我面前敞开来，又何必在这个狭窄的，闭塞的柜子里奋斗和劳作呢？

——列夫·托尔斯泰

【故事】俄国著名地理学家奥勃鲁契夫把每个工作日分成"三天"。第一天是从早晨到下午两点，他认为是最宝贵的时间，用来安排重要的工作。第二天是下午两点至晚上六点，在这段时间里他认为做较轻松的工作为宜。如写书评或各种笔记等。第三天是从晚上六点到夜里十二点，用来参加会议、看书。他说，这是等于把自己的生命延长了。

美国夏威夷岛上学生们上课时，总是先背诵一段祈祷词：今天已经和你在一起，但很快会过去。明天就要到来，也会消逝。抓紧时间吧，一生只有两天。

【智慧】以上两个故事的核心都是要珍惜时间。把一天的时间合理分配，对时间要有紧迫感，从某种意义上讲，珍惜时间就意味着延长我们的生命。

所以，我们要端正对对生命的态度，珍惜一分一秒，这样才能获得成功。

十七、不要争强

【妙语】强梁者不得其死。

——老子

【故事】现实生活中这样的例子不胜枚举。大风刮来，小草安然无恙，而高大树木往往被摧折。"木秀于林，风必摧之。"孔子向老子问道时老子说，口中坚硬的牙齿最先脱落，而柔软的舌头却能长保。"水滴穿石，绳锯木断"是尽人皆知的道理，最终柔弱胜刚强。女人柔弱似水，走起路来像被风能吹倒似的，但自古英雄难过美人关，有多少豪杰死在女人的柔情中，有多少好汉掉到情海里淹死了。一个赤裸裸的女人就是世界上最勇敢而无所畏惧的人。是苏妲己使殷纣王丧失天下的，让他把忠臣比干的心剖出来看看有几个洞，是为了博得褒姒一笑；周幽王不惜烽火戏诸侯，西施迷倒了夫差，谗杀了吴国大梁伍子胥；董卓专权，天下英雄莫能胜之，一个无名的貂蝉却使他身首异处；曾经有过"开元盛世"辉煌政绩的唐明皇迷上了杨贵妃，引发了安史之乱几乎亡国……

【智慧】强梁之人不得好死，必定死于非命，因为过刚必折。老子贵柔，以柔克刚，以弱胜强。《老子》中类似的论述还有很多：
"天下之至柔，驰骋天下之至坚。"（四十三章）"天下莫柔弱于水，
而攻坚强者莫之能胜。"（七十八章）"人之生也柔弱，其死也坚强；
草木之生也柔脆，其死也枯槁。故坚强者死之徒，柔弱者生之徒。
是以兵强则灭，木强则折，坚强处下，柔弱处上。"（七十六章）
"弱者道之用。"（四十章）"勇于敢则杀，勇于不敢则活。"（七十三
章）

　　老子通过对周围自然物象的冷静观察，提出了这个命题。人生
时很柔软，死后僵尸硬梆梆；草木初生很柔弱，死后枯槁特坚硬。
坚强的东西属于死亡的一类，柔弱的属于生存的一类。军队强大了
就会被消灭，树木强大了就会被摧折。坚强处于劣势，柔弱处于优
势，天下最柔弱的东西，能摧毁天下最坚强的东西，最低下最柔弱
的水，能攻克最坚强的东西。所以道以柔弱发挥作用，柔弱胜刚强，
柔弱之物富有弹性、韧性和生机，而坚强的东西已丧失了较多的生
命力。

十八、放下包袱，快乐人生

　　【妙语】不被贪婪所诱惑的人最没有负担。因为没有人与他结
怨，他也没有心机来和别人计较。这种日子最轻松，这样的人生最
快乐。

——佚名

　　【故事】一对靠捡破烂为生的夫妻，每天一早出门，拖着一部破
车到处捡拾破铜烂铁，等到太阳下山时才回家。他们回到家的时候，
就在门口的院子里摆上一盆水，搬一张凳子把双脚浸在盆中，然后

拉弦唱歌。唱到月正当空，浑身凉爽的时候他们才进房睡觉，日子过得非常逍遥自在。他们对面住了一位很有钱的员外，他每天都坐在桌前打算盘，算算哪家的租金还没收，哪家还欠账，每天总是很烦。他看对面的夫妻每天快快乐乐地出门，晚上轻轻松松地唱歌，非常羡慕也非常奇怪，于是问他的伙计说："为什么我这么有钱却不快乐，而对面那对穷夫妻却会如此的快乐呢？"伙计听了就问员外说："员外，想要他们忧愁吗？"员外回答道："我看他们不会忧愁的。"伙计说："只要你给我一贯钱，我把钱送到他家，保证他们明天不会拉弦唱歌。"员外果真把钱交给伙计，当伙计把钱送到穷人家时，这对夫妻拿到钱真的很烦恼，那天晚上竟然睡不着觉了：想要把钱放在家中，门又没法关严；要藏在墙壁里面，墙用手一扒就会开；要把它放在枕头下又怕丢掉；要……他们一整晚都为这贯钱操心，一会儿躺上床，一会儿又爬起来，整夜就这样反复折腾，无法成眠。妻子看丈夫坐立不安，也被惹烦了，就说："现在你已经有钱了，你又在烦恼什么呢？"丈夫说："有了这些钱，我们该怎样处理呢？把钱放在家中又怕丢了。现在我满脑子都是烦恼。"隔天一早他把钱带出门，整条街绕来绕去不知要做什么好，绕到太阳下山，月亮上来了，他又把钱带回家，垂头丧气的不知如何是好。想做小生意不甘愿，要做大生意钱又不够，他向妻子说："这些钱说少，却也不少，说多又做不了大生意，真是伤脑筋啊！"

那天晚上员外站在对面，果然听不到拉弦和唱歌了，因此就到他家去问他怎么了？这对夫妻说："员外啊！我看我把钱还给你好了。我宁可每天一大早出去捡破烂，也比有了这些钱轻松啊！"这时候员外突然恍然大悟，原来，有钱不知如何使用，也是一种负担。

【智慧】什么样的人生才是快乐的呢？放下沉重的包袱，不为贪婪所诱惑，择精而担，量力而行。这样的人生，自然是轻松而快乐的。

十九、把握现在

【妙语】记住，只有一个时间是重要，那就是现在。它之所以重要，就是因为它是我们惟一有所作为的时间。

——列夫·托尔斯泰

【故事】有一个小沙弥名叫心通，他忽然厌倦起暮鼓晨钟的禅修来，认为时光过得太慢，他急切地盼望自己早日成为一代法师。有一天他对道悟禅师说："我什么时候能像师傅一样道行深远、德高望重就好了。那才是令人羡慕的人生境界啊！"

道悟禅师听后，未发表任何意见和看法，只是用手指指天边的一朵白云，对心通说："你看那朵云多么漂亮！"心通也附和说："真的漂亮！"然后，道悟禅师又指指一盆正在怒放的花说："你看那盆花，开得多鲜艳啊！"心通也附和着说："真鲜艳啊！"

过了几个时辰之后，心通把刚才的事情都忘了时，道悟禅师又忽然问他："刚才那朵漂亮的白云呢？"

"早已飘逝得无影无踪。"心通看看天边，顺口说道。

又过了不知多少天，当心通把白云、鲜花的事情早已忘到脑后时，道悟禅师又忽然对他说："你去把我那天指给你的那盆鲜花捧过来，我看开得怎么样了。"

心通赶紧去找那盆花，可是，那盆花的花期已过，只有发黄的枝叶了。道悟禅师就说："都是过眼云烟啊！"

直到这时，心通才豁然顿悟。

【智慧】时光如白马过隙，转瞬即逝。人生苦短，光阴金贵。珍惜当下的每一分钟，心灵之花自然鲜明、生命之花自然葱茏。

二十、自己的事情自己做

【妙语】自己的事情自己做。

——俗语

【故事】一只鹌鹑在麦地中间筑巢。当她的孩子们渐渐长大，麦子变黄的时候，她对小鹌鹑们说道："农夫收割麦子的日子快要到了。我现在出去给你们找食。我不在的时候，你们都给我待在巢里别动，小心点儿，别让任何人发现你们。如果那个农夫来了，你们留神他说的话，听他什么时候要割麦子。我们要见机而行。"说完，老鹌鹑便飞走了。

不一会儿，农夫带着他的儿子来到了麦田，察看了一下麦子，然后对儿子说："麦子成熟了，我们该收割了。我明天一早就去邻居那儿，同他们商量，请他们来帮助我们收割。"

又过了一会儿，老鹌鹑噙着给孩子们的食物飞回来了，问他们是否听到点什么。一只小鹌鹑回答说："那农夫同他的儿子来过了，他说：明天他要去请邻居来帮助割麦子。"

老鹌鹑听后说："别怕，这麦子还不会马上割的。因为那些邻居不会那么快就答应帮别人干活的。"

第二天一大早，老鹌鹑又要外出觅食了，她对小鹌鹑们说："留点神，那农夫准备什么时候割麦子，看是否能听到一些新的消息。"那农夫又来了，对他的儿子说："我看，谁也不会来了。这些邻居都靠不住。我要去同亲戚朋友谈谈，让他们明天来帮我们收割。这麦子再不割的话，就要烂了。"

当老鹌鹑回家时，小鹌鹑们叽叽喳喳地说："妈妈，快给我们在别的地方筑一个新的巢吧！那农夫明天就要带他的亲戚朋友来割麦子了。"

可是，老鹌鹑回答说："亲爱的孩子们，那些亲戚朋友也不会马上到一个外乡的农田里来干活的，所以，你们注意听着农夫明天说的话！"

下一天早上，那农夫和他的儿子又来了，农夫非常伤心地朝麦田扫了一眼，说道："我看，想靠别人的帮助都是不行的，不管是邻居，还是亲戚朋友。这庄稼今天是割不成了。两把锋利的镰刀已经摆在粮仓里了，明天一早我们两个就开镰。这麦子不能再耽搁了。"

小鹌鹑马上就把这个新消息告诉了他们的妈妈。老鹌鹑听了说道："瞧，这才是真正的收割时间。我们迁移的时候也到了，寻找别的住所去吧！亲爱的孩子们，起身吧！明天早上我们还待在这里的话，那么我们大家的生命恐怕就保不住了。"

【智慧】自己的事情要靠自己做；常言说得好：路在自己脚下。

二十一、个人与团体共存

【妙语】在个人跟社会发生任何冲突的时候，有两件事必须考虑：第一是哪方面对；第二是哪方面强。

——泰戈尔

【故事】日本人饭桌上是少不了菠菜的，他们甚至把一种企业组织原则称为"菠菜原则"。这个原则由三个基本点组成，即"报告"、"联络"、"沟通"。"菠菜原则"是日本企业的基本原则，任何一个雇员，从部长到社长，无一例外都需执行这条原则。所谓报告，就是把自己工作的进展状况随时通知同事，比如出差回到公司，一定要将所见所闻汇报；外出的收获，一定要让全体同事分享。联络，就是把自己目前遇到的问题通知有关同事，如上班路上遇到堵车可能迟到，你得打电话告诉同事你何时能到公司。沟通，是工作遇到问题时，一定要找同事或者上司咨询，以集体智慧予以解决。

"菠菜原则"说的就是个人与组织之间的协调性原则。日本的这种原则是其教育体系与教育思想的产物。在日本人的观念中，教育的目的不是培养精英，而是培养能够适应严酷集体生活的有协调性的人。这种教育贯穿着一个基本点，即培养合格的国民。这种国民具有共同的教养、共同的信念。

【智慧】个人生活在社会中，那么，个人就应该与整个社会融洽相处。这样全体国民才有共同的向心力，这就是日本的教育。

这在我们的生活中是同样值得借鉴的。如果一个人脱离了社会，他就不会有良好的发展前景。同时，团体离开了个人，也就不成团体，更无从谈论成败。

二十二、家教的重要

【妙语】父母是孩子的第一个老师，孩子从幼儿园到小学、中学时期，大部分是生活在家庭里，而这正是孩子们长身体、长知识，培养性格、品德，为形成世界观打基础的时期，父母的一言一行都给孩子深远的影响。

——宋庆龄

【故事】家教：包拯为官公正清廉，被老百姓尊称为包青天。他担心家人子弟利用权势贪污腐化，因而自述家训："后世子孙仕宦，有犯财者，不得放归本家；亡疫之后，不得葬与大茔之中。不从吾志，非吾子孙。"

铭教：宋代诗人苏轼的长子苏迈赴任县太尉时，苏轼送给他一个砚台，上有他亲手所刻的砚铭："以此进道常若渴，以此求进常若惊；以此治财常若予，以此书狱常思生。"

鞭教：岳云12岁参军作战，一次骑马下坡，没注意地形，人马栽进沟里；岳飞喝令按军法鞭打岳云，众将求情不允，责打百鞭。此后岳云刻苦训练，勇猛作战。1134年攻打随州时，挥舞40公斤重的铁锤，冲锋陷阵第一个登城。岳飞教子的原则是：受罪重于士卒，作战先于士卒，受功后于士卒。

名教：1945年，革命老前辈林伯渠6岁的小儿子要读书上小学了。林老对儿子说："上学，该有个地道的名字，我看你就叫用三吧！"儿子疑惑不解，林老解释说："用三者，三用也，即用脑想问题，用手造机器，用足踏实地！"

联教：无产阶级革命家吴玉章曾撰写一幅对联挂在堂前。上联：创业难，守业亦难，明知物力维艰，事事莫争虚体面。以此教育子孙后辈要艰苦创业，勤俭持家，切不可铺张浪费，追求虚荣；下联：居家易，治家不易，欲自我以身作则，行行当立好楷模。指出做长辈的要时时刻刻以身作则，身教重于言教，处处做出好样子，成为后辈们效仿的楷模。

章程教：老舍先生的教子章程，一是不必非考一百分不可；二是不必非上大学不可；三是应多玩，不失儿童的天真烂漫；四是要有健全的体魄。总之，老舍先生认为，孩子不必争做"人上人"，虚荣心绝对不可有。

【智慧】教育后代的方式是多种多样的，不同的人有不同的特色，但都有一个共同点，那就是：关注人性，关注品德，既严厉又慈爱。

二十三、处世要谨慎

【妙语】害人之心不可有，防人之心不可无。

——俗语

【故事】犹大是《圣经》中耶稣基督的亲信子弟 12 门徒之一。耶稣传布新道虽然受到了百姓的拥护，却引起犹太教长老司祭们的仇恨。他们用 30 个银币收买了犹大，要他帮助辨认出耶稣。他们到客马尼园抓耶稣时，犹大假装请安，拥抱和亲吻耶稣。耶稣随即被捕，后被钉死在十字架上。人们用"犹大的亲吻"比喻可耻的叛卖行为。

【妙语】俗话说害人之心不可有，防人之心不可无。耶稣的亲信都会出卖他，更何况是我们日常生活中的泛泛之交者呢？待人要真，要诚，这是做人的原则。但人与人的交往之间难免会因为利益的纠纷而产生伤害，所以说做一个好人远远不够立足于社会，想要立足社会，要在做一个聪明人的基础上做一个好人。什么是聪明人？能够在保证自己利益的前提下与人为善的人就是聪明人。所以说，防人之心不可无。

二十四、授人以渔

【妙语】 授人以鱼不如授之以渔。

——俗语

【故事】 有个渔人有着一流的捕鱼技术，被人们尊称为"渔王"。然而"渔王"年老的时候非常苦恼，因为他的三个儿子的渔技都很平庸。于是个经常向人诉说心中的苦恼："我真不明白，我捕鱼的技术这么好，我的儿子们为什么这么差？我从他们懂事起就传授捕鱼技术给他们，从最基本的东西教起，告诉他们怎样织网最容易捕捉到鱼，怎样划船最不会惊动鱼，怎样下网最容易请鱼入瓮。他们长大了，我又教他们怎样识潮汐，辨鱼汛……凡是我长年辛辛苦苦总结出来的经验，我都毫无保留地传授给了他们，可他们的捕鱼技术竟然赶不上技术比我差的渔民的儿子！"一位路人听了他的诉说后，问："你一直手把手地教他们吗？""是的，为了让他们得到一流的捕鱼技术，我教得很仔细很耐心。""他们一直跟随着你吗？""是的，为了让他们少走弯路，我一直让他们跟着我学。"路人说："这样说来，你的错误就很明显了。你只传授给了他们技术，却没传授给他们教训，对于才能来说，没有教训与没有经验一样，都不能使人成大器！"

【智慧】 中国有句古话叫"授人以鱼不如授之以渔"，说的是传授给人既有知识，不如传授给人学习知识的方法。道理其实很简单，鱼是目的，钓鱼是手段。一条鱼能解一时之饥，却不能解长久之饥，如果想永远有鱼吃，那就要学会钓鱼的方法。而钓鱼的经验也和钓鱼的方法一样，如果没有亲身经历，永远也难以体会其中精髓。

二十五、不要只看表象

【妙语】不要一见树皮，就对这样的树下起结论来。

——英国俗语

【故事】两个旅行中的天使到一个富有的家庭借宿。这家人对他们并不友好，并且拒绝让他们在舒适的客人卧室过夜，而是在冰冷的地下室给他们找了一个角落。当他们铺床时，较老的天使发现墙上有一个洞，就顺手把它修补好了。年轻的天使问为什么，老天使答到："有些事并不像它看上去那样。"

第二晚，两人又到了一个非常贫穷的农家借宿。主人夫妇俩对他们非常热情，把仅有的一点点食物拿出来款待客人，然后又让出自己的床铺给两个天使。第二天一早，两个天使发现农夫和他的妻子在哭泣，他们唯一的生活来源一头奶牛死了。年轻的天使非常愤怒，他质问老天使为什么会这样，第一个家庭什么都有，老天使还帮助他们修补墙洞，第二个家庭尽管如此贫穷还是热情款待客人，而老天使却没有阻止奶牛的死亡。

"有些事并不象它看上去那样。"老天使答道，"当我们在地下室过夜时，我从墙洞看到墙里面堆满了金块。因为主人被贪欲所迷惑，不愿意分享他的财富，所以我把墙洞填上了。昨天晚上，死亡之神来召唤农夫的妻子，我让奶牛代替了她。所以有些事并不象它看上去那样。"

【智慧】有些时候事情的表面并不是它实际应该的样子。如果你有信念，你只需要坚信付出总会得到回报。你可能不会发现，直到后来事实摆在你的面前。

二十六、事情总是相对的

【妙语】 世界上的事物永远不是绝对的，结果完全因人而异，苦难对于天才是一块垫付脚石，对能干的人是一笔财富，对弱者是一个万丈深渊。

——巴尔扎克

【故事】 一分钟有多长？这要看你是蹲在厕所里面，还是等在厕所外面。1911 年的一天，在著名的布拉格大学校园里的一片草地上，一群大学生围坐在一位年轻学者的身旁，正进行着激烈的讨论。

"请您通俗地解释一下，什么叫相对论？"一位学生微笑着向青年学者发问。

年轻学者环视一下周围的男女学生，微笑着答道："如果你在一个漂亮的姑娘旁边坐了两个小时，就会觉得只过了 1 分钟；而你若在一个火炉旁边坐着，即使只坐 1 分钟，也会感觉到已过了两个小时。这就是相对论。"

大学生们先是一愣，接着便大笑起来。

"好！今天我们就谈到这里。"年轻学者站起身来，向大家告别后，便向图书馆走去。

这位年轻学者，就是伟大的科学家，相对论的创始人——爱因斯坦。

【智慧】 世界上没有绝对的事情。就像是红色，有多红？就看是与国旗相比还是与粉色相比。一切都是相对而言的。同样，在我们

生活之中，没有绝对的好或坏，对或错，长或短，一切都看对象是谁，和谁相比，

二十七、不要给自己烦恼

【妙语】如果你不给自己烦恼，生活永远也不会给你烦恼，因为你自己的的内心你放不下，生活没有纯粹的快乐。

——奥维德

【故事】一位满脸愁容的生意人来到智慧老人的面前。"先生，我急需您的帮助。虽然我很富有，但人人都对我横眉冷对。生活真像一场充满尔虞我诈的厮杀。""那你就停止厮杀呗。"老人回答他。生意人对这样的告诫感到无所适从，他带着失望离开了老人。在接下来的几个月里，他情绪变得糟糕透了，与身边每一个人争吵斗殴，由此结下了不少冤家。一年以后，他变得心力交瘁，再也无力与人一争长短了。

"哎，先生，现在我不想跟人家斗了。但是，生活还是如此沉重，它真是一副重重的担子呀。""那你就把担子卸掉呗。"老人回答。生意人对这样的回答很气愤，怒气冲冲地走了。在接下来的一年当中，他的生意遭遇了挫折，并最终丧失了所有的家当。妻子带着孩子离他而去，他变得一贫如洗，孤立无援，于是他再一次向这位老人讨教。

"先生，我现在已经两手空空，一无所有，生活里只剩下了悲伤。""那就不要悲伤呗。"生意人似乎已经预料到会有这样的回答，这一次他既没有失望也没有生气，而是选择呆在老人居住的那个山

的一个角落。有一天他突然悲从中来，伤心地号啕大哭了起来几天，几个星期，乃至几个月地流泪。最后，他的眼泪哭干了。他抬起头，早晨温煦的阳光正普照着大地。他于是又来到了老人那里。

"先生，生活到底是什么呢？"老人抬头看了看天，微笑着回答道："一觉醒来又是新的一天，你没看见那每日都照常升起的太阳吗？"

【智慧】生活到底是沉重的？还是轻松的？这全依赖于我们怎么去看待它。生活中会遇到各种烦恼，如果你摆脱不了它，那它就会如影随形地伴随在你左右，生活就成了一副重重的担子。"一觉醒来又是新的一天，太阳不是每日都照常升起吗？"放下烦恼和忧愁，生活原来可以如此简单。

二十八、知足常乐

【妙语】廉者常乐无求，贪者常忧无足。

——王通

【故事】一次，有黑、红、白三只老鼠帮助土地神逃过了灭顶之灾。为了表示感激之情，土地神答应给这三只老鼠一个特殊的奖赏：你能挖土挖多深，那多么深的土层就属于你的领地。

土地神警告它们，不要过于贪心，如果挖得过深，你们将难以返回地面而葬身地下。

这种奖赏令三只老鼠高兴万分，于是它们都使尽了全身的力气挖洞，至于挖多深的洞才是安全的，它们并不清楚，它们只能凭感觉。在它们看来，挖洞是它们的特长，它们可以用一半的力气挖到很深的地方，再用剩下一半的力气就可以安全地返回到地面上。

黑老鼠挖洞的速度很快。没过多久，它已经挖到了很深的地方。它十分兴奋，一想到它所挖的深度就是它的领地，它的力量就源源不断地涌出来。不知过了多久，它觉得自己的力气已经用去了一半，它决定休息一会儿，然后返回地面。对它来说，这么深的土层已经足够用了。

不一会儿，它的体力恢复了许多。它想，再挖一会儿也不会有什么危险，要不然，这样返回去太可惜了。于是，它又挖了许久。当它觉得有些累了的时候，开始提醒自己：不要再向下面挖了，如果不能返回地面，一切都完了。于是，它想沿着原来挖的路线向地面方向返回。

但此时，它又犹豫了。它想，现在也许红老鼠和白老鼠正全力向地下挖土呢，如果自己这样返回去，可能是挖得最浅的一只老鼠，那么获得的领地也是最少的，也就最没有面子了。

想到这，它决定冒险再向下挖一阵子。又挖了许久后，黑老鼠觉得身体很疲乏，有些吃不消了。它明白，现在已经有一定危险了。不过，它又咬了咬牙，心想：反正已经冒险了，索性就再冒一步险，将土层挖得更深一些。

尽管它时时感觉到危险，但是，黑老鼠总是能找到各种理由激励自己向更深的土层挖下去。

不知过了多久，它失去了知觉。它累死了。

红老鼠的经历与黑老鼠大致相同。它也累死了。

只有白老鼠活了下来。

土地神觉得十分伤感的同时，也感到一丝安慰。它想，这个世界上到底还是有不贪心的老鼠呀。它决定大力宣传白老鼠的事迹，告诉大家不贪心才是正确的生活选择。

于是，土地神迫不及待地问白老鼠是怎么想的。

白老鼠冷冷地回答道："难道你没有发现我的两只爪子是残废的吗？"

【智慧】贪心是人的一大弱点，如果控制不了自己的贪欲，那是一件十分危险的事情。

在现实生活中，物欲的贪婪不仅消解了人生的美好意义，也会使一个人丧失享受生活的能力。即所谓"人为物役，心为形役"，用内心的贪婪为自己建造一个无形的囚笼囚于其中而浑然不觉，是多么愚蠢可悲啊！钱财乃身外之物，不可贪得无厌，当物质需要得到基本满足之后，我们的追求就应该及时转向精神层面，惟有精神上的不懈追求才能使我们真正实现自身的价值，体味人生的真谛。

二十九、乐以忘忧

【妙语】发愤忘食，乐以忘忧，不知老之将至。

——孔子

【故事】两个欧洲人到非洲去推销皮鞋。由于气候原因，非洲人向来都是赤着脚的。

第一个欧洲人看到非洲人都是赤着脚的，顿时失望起来："这里的人都不穿鞋的，怎么会买我的鞋呢？"于是悲观地沮丧而回；第二个欧洲人看到非洲的人都是赤着脚的，惊喜万分："这些人都是没皮鞋穿的，我这个皮鞋市场大得很呢！"于是想方设法，吸引非洲人买他的皮鞋，最后发大财而回。

【智慧】孔子说："用功便忘记吃饭，快乐便忘记忧愁，不知道衰老即将到来。"

人生就像一场戏，但从来没有彩排，每一天都是现场直播。如果乐观做导演，生命就会不失为景色。人生需要用一颗善感的心灵去欣赏，而不要只用一双忙碌的眼睛去观看，因为一生中如果缺乏乐观精神，就会缺少应有的乐趣。

同样一种现象，却得出两个不同的结果，而这两种结果恰巧是两种相反的人生观。一样的生活，却有着不同的命运。乐观与悲观，是生活中人的不同表现。它们是由个人看待生活、人生的不同的心态和角度所造成的。所以说，如果要成功，要获得快乐的生活，要用快乐的眼睛看世界。乐观的心看到的生活是快乐的，而悲观的心看到的世界永远悲伤。

三十、不要让精神空虚

【妙语】 精神上的空缺没有一种是不可依靠相应的学问来弥补的。

——培根

【故事】1914 年 12 月的一天晚上，大发明家爱迪生在美国新泽西州亚奥兰治市的工厂失火，损失严重，近百万美元的设备和大部分研究工作的记录毁于一旦。第二天早晨，67 岁的爱迪生赶到火灾现场，有人设想希望与理想化为灰烬的他一定会暴怒至极。但爱迪生却很平静。他说："灾难也有好处。我们所有的错误都烧光了，现在可以重新开始。"

　　法国的话剧演员波尔赫德，曾活跃于四大洲的戏剧舞台达 50 多年。但 71 岁时在巴黎突然破产，更糟糕的是，在乘船横渡大西洋时，她不小心摔了一跤，腿部严重受伤，引起了静脉炎，必须截肢。医生不敢把这个决定告诉她，怕她受不了这个打击。可是，波尔赫德注视着医生，平静地说："既然没有别的办法，那就这么办吧。"

　　手术那天，她在轮椅上高声朗诵戏里的一段台词。有人问她是否在安慰自己。她回答："不，我是在安慰医生和护士，他们太辛苦了。"后来，波尔赫德继续在世界各地演出，又继续在舞台上工作了 7 年。

　　【智慧】"天有不测风云，人有旦夕祸福。"在变故面前，能否做到临变不乱，遇乱不惊，泰然处之，乐观是至关重要的。16 世纪法国启蒙思想家蒙田说："伟大的人生艺术，就是尽量有快乐的思想。"这就告诉我们：卓越的智慧会坚定人们乐观的人生态度。悲观者总是看到灰暗的一面，而乐观者总是看到光明的一面。我们有权选择做一个悲观者还是乐观者。如果要想使生活充满阳光，要想驾驭好自己的人生，我们别无选择，我们只能选择乐观。

三十一、正直很重要

　　【妙语】人之生也直，罔之生也幸而免。

　　　　　　　　　　　　　　　　　　——孔子

　　【故事】在一所大医院的手术室里，一位年轻的护士第一次担任责任护士。"大夫，你只取出了 11 块纱布，"要缝合时，她对外科大夫说，"我们用的是 12 块。"

"我已经都取出来了。"医生不容置辩地说，"我们现在就开始缝合伤口。"

"不行。"护士抗议说，"我们用了12块。"

"由我负责好了！"外科大夫严厉地说，"缝合！"

"你不能这样做！"护士激烈地喊道，"你要为病人想想！"

大夫微微一笑，举起他的手让护士看了看第十二块纱布："你是一名合格的护士。"

【智慧】孔子说："人的生存靠正直，不正直的人也能生存，但那不过是侥幸免于祸害罢了。"

正直是人类的脊梁，也是我们为人处事的根本。

正直是一种风骨，如同山产劲竹，冬里腊梅，于风急雪大处方显出风标高峻。不能想象一棵歪扭斜长的树能派上大用场，天地之间的各种诱惑太多了，四方风雨太多了，站直了委实不易，此乃生活；偏要努力站直了，乃是生活的诗。

人品不像骨架子，一眼就能看出大小。但它又确实是精神的骨架，支撑着一个人的身躯走东奔西。于是就有了形形色色的人，各式各样的披挂和身架。有些人看去很魁伟，与之相处一久却觉得其矮小猥琐；有些人毫不起眼，终让你在他平淡如行云流水中领略到山高海深。看不见的力量才是大力量，这就是人的品格魅力。

正直的人绝不会攀附权贵、口心不一，他不会心里想一套，口里说一套，实际行动中又是另一套。他是内心有一定之规的人，因此也很少内心矛盾——他是个真正忠实于自己内心的人。

只有正直，才能挺立在这个世界上。那些两面三刀，口蜜腹剑的人，最终会被人们所丢弃。只有正直，才能存活在历史中。那些奴颜媚骨，阿谀奉承的人，最终会被历史所淹没。正直的人，可能会被四周的小人所迫害，遭遇崎岖的人生道路与内心凄惨的伤痛。但，孟子说过："天降大任于是人也，必先苦其心志。劳其筋骨，饿其体肤……动心忍性，增益其所不能。"因为正直的人，必要担当起社会的重任。所以，痛苦只能使他们变的更加坚韧、刚强。

三十二、不要浪费大好人生

【妙语】春至时和，花尚铺一段发色，鸟且啭几句好音。士君子幸列头角，复遇温饱，不思立好言，行好事，虽是在世百年，恰似未生一日。

——洪自诚

【故事】一位英国记者问作者为什么以《钢铁是怎样炼成的》为书名时，奥斯特洛夫斯基回答说："钢是在烈火与骤冷中铸造而成的。只有这样它才能成为坚硬的，什么都不惧怕，我们这一代人也是在这样的斗争中、在艰苦的考验中锻炼出来的，并且学会了在生活面前不颓废。"奥斯特洛夫斯基全称尼古拉·阿耶克塞耶维奇·奥斯特洛夫斯基。由于他长期参加艰苦斗争，健康受到严重损害，到1927年，健康情况急剧恶化。但他毫不屈服，以惊人的毅力同病魔作斗争。1934年底，他着手创作一篇关于科托夫斯基师团的"历史抒情英雄故事"即《暴风雨所诞生的》。不幸的是，唯一一份手稿在寄给朋友们审读时被邮局弄丢了。这一残酷的打击并没有挫败他的坚强意志，反而使他更加顽强地同疾病作斗争。

1929年，他全身瘫痪，双目失明。1930年，他用自己的战斗经历作素材，以顽强的意志开始创作长篇小说《钢铁是怎样炼成的》。

小说获得了巨大成功，受到同时代人的真诚而热烈的称赞。1935年底，苏联政府授予他列宁勋章，以表彰他在文学方面的创造性劳动。

【智慧】花鸟尚且不辜负春光，人不要浪费大好人生。目前社会安定，物质充裕，人们不断享受文明的结晶，但能否认识到这是上苍的厚遇，不可负了上苍？认识到这是人类代代积累的结果，必须有更大的成就承先启后、膏泽子孙？如果能够这样想，则不只自己过了实实在在的一生，也将被后世子孙永远怀念、感激。这种在困境中顽强不屈的精神，正是我们这一代人所需要的，所要学习的精神。

三十三、学会享受人生

【妙语】让我们享受人生的滋味吧，假设我们感受得越多，我们就会生活得越久长。

——法朗士

【智慧】如果你懂得如何有条不紊地处理事物，就能享受其中的种种乐趣。许多人在运气用罄之后，方知空负人生。他们虚掷自己的幸福光阴，只有等到迷途已远才知回头，希望时光倒流。他们仿佛是生命的骑手，总是嫌时间脚步太慢，于是逞其鲁莽的性情，紧夹马刺催它速行。他们想一天吞下一辈子也消化不了的食料。

他们以为自己成功在握，妄想将未来岁月一口囫囵吞下。由于凡事过于仓促，欲求速战速决，结果是欲速则不达。即便是对知识的追求，也应该有所节制，才不至于虽然掌握了许多知识却全部是一知半解。所以，轻放缓你前行的脚步吧！欣赏欣赏那路边的风光。

人生苦短，我们应该学会享受它。

三十四、贫穷不能改变志向

【妙语】一箪食，一瓢饮，在陋巷，人不堪其忧，回也不改其乐。贤哉回也。

——孔子

【故事】两千多年前，鲁穆公的大臣公仪休，是一个嗜鱼如命的人。有一天，公仪休正和他的学生在交谈，有人送来两条鲜活的大鲤鱼，公仪休婉言谢绝了。他的学生不解地问："老师，您不是很喜欢吃鱼吗？现在有人送鱼来，您为什么不接受呢？"公仪休答道："正是因为我特别爱吃鱼，所以才坚决不能收人家的鱼。道理很简单，你想，他为什么要给我送鱼？正所谓'礼下于人，必有所求'。他有求于我，知道我喜欢吃鱼，所以特地送给我。如果我喜欢书画，他就一定会送我书画。如果我因为喜欢而收下，那么明天他就可以给你送来玉制鱼盘，后天他就可以给你金做的鱼盆……如此下去，吃了人家的嘴软，拿了人家的手短，到头来只能乖乖地成为金钱的奴隶、送礼者的俘虏，就必须照人家的意思办事。这样就难免要违反国家的法律，如果犯了法，成了罪人，被罢官，今后谁还会给我送鱼？我还能吃得上鱼吗？所以我就是再喜欢，也坚决不能收呀！如今，我身为宰相，宰相的俸禄足够我自己买鱼的开销。现在想吃鱼就自己买，不是一直有鱼吃吗？"学生点头称是："是呀，送礼的人投您所好，就是为了达到自己的目的。如果因为是自己喜爱之物就收下，难免就走上歧途，毁了自己的名节呀！老师，您做得对！"

【智慧】孔子说："颜回的品德多么高尚啊！一箪饭，一瓢水，住在简陋的小屋里，别人都忍受不了这种穷困清苦，颜回却没有改变他好学的乐趣。颜回的品质是多么高尚啊！"这里，孔子赞扬了颜回"贫贱不移"的高尚品质。

公仪休不收鱼实在是明智之举，宁愿不吃馈赠的鱼而恪守道德情操，用自己的一言一行来维护来之不易的名誉。

品质与名誉是我们立身于世的基础，没有这基础，我们就容易在社会的洪流中迷失自己的方向。有了这基础，我们才可以平安地度过一生。

三十五、乐于忘怀

【妙语】忘记别人对你的不好，记得别人对你的好。

——佚名

【故事】阿拉伯著名作家阿里，有一次和吉伯、马沙两位朋友一起旅行。三人行经一处山谷时，马沙失足滑落。幸而吉伯拼命拉他，才将他救起。马沙于是在附近的大石头上刻下了："某年某月某日，吉伯救了马沙一命。"三人继续走了几天，来到一处河边，吉伯跟马沙为一件小事吵起来，吉伯一气之下打了马沙一耳光。马沙跑到沙滩上写下："某年某月某日，吉伯打了马沙一耳光。"当他们旅游回来后，阿里好奇地问马沙为什么要把吉伯救他的事刻在石上，将吉伯打他的事写在沙上？马沙回答："我永远都感激吉伯救我，我会记住的。至于他打我的事，我只随着沙滩上字迹的消失，而忘得一干二净。"

【智慧】乐于忘怀是一种心理平衡，需要坦然真诚面对生活。有些人能够忘记失意时的尴尬和窘迫，却对顺境时的得意津津乐道。岂不知成功和失败一样会留在过去，老是沉湎过去不能释怀，常常说我年轻那会如何如何，拿昨日黄花当眼前美景，让过眼烟云在心头永留，沾沾自喜，自鸣得意，陷自己与虚妄之中，便会不思进取，裹足不前。英雄不提当年勇是有道理的。而反复咀嚼过去的痛苦，永远一脸的苦大仇深就更不足取了。印度诗人泰戈尔说过，"如果你为失去太阳而哭泣，你也将失去星星。"为鸡毛蒜皮斤斤计较，为陈芝麻烂谷子耿耿于怀，只怕心灵之船不堪重负，记忆之舟承载不下，会让痛苦的过去牵制住未来。一句老话说得好：生气是拿别人的错误来惩罚自己。老是念念不忘别人的坏处，实际上深受其害的是自己，既往不咎的人，才是快乐轻松的人。